文科专业网络与新媒体技术丛书

Axure RP 9
网站与App产品交互设计实战

郑　伟　　王向军　编　著

西南交通大学出版社
·成　都·

图书在版编目（CIP）数据

Axure RP 9 网站与 App 产品交互设计实践 / 郑伟，
王向军编著. —成都：西南交通大学出版社，2023.2
ISBN 978-7-5643-9178-2

Ⅰ. ①A… Ⅱ. ①郑… ②王… Ⅲ. ①网页制作工具 –
程序设计 Ⅳ. ①TP393.092.2

中国国家版本馆 CIP 数据核字（2023）第 022532 号

Axure RP 9 Wangzhan yu App Chanpin Jiaohu Sheji Shijian
Axure RP 9 网站与 App 产品交互设计实践
郑　伟　王向军　编著

责任编辑	黄淑文
封面设计	原谋书装

出版发行	西南交通大学出版社
	（四川省成都市金牛区二环路北一段 111 号
	西南交通大学创新大厦 21 楼）
邮政编码	610031
发行部电话	028-87600564　028-87600533
网址	http://www.xnjdcbs.com
印刷	四川森林印务有限责任公司

成品尺寸	185 mm × 260 mm
印张	11.75
字数	292 千
版次	2023 年 2 月第 1 版
印次	2023 年 2 月第 1 次
定价	39.00 元
书号	ISBN 978-7-5643-9178-2

课件咨询电话：028-81435775

前　言

2019 年 4 月 29 日，教育部、中央政法委、科学技术部等 13 个部门在天津市共同启动"六卓越一拔尖"行动计划 2.0，将全方位推进新工科、新医药、新农科、新文科的发展，以期切实提升高校服务经济发展实力。如何推进新文科建设，构建有特色的文科人才培养体系，对传统文科的人才培养模式、专业结构、课程体系和实践环节等都提出了新挑战。

"互联网+"背景下，文科各专业必须紧跟时代发展的步伐，在人才培养中融入"网络技术+文科"建设理念，推动文科类专业不断优化升级和创新发展，"文科专业网络与新媒体技术丛书"正是在这样的背景下诞生的。目前，该丛书已出版《网络编辑实务——网络信息内容建设与运营》《网站制作基础》《网页设计实例教程》《视觉界面设计》《电子商务运营》《电子文档制作——PC、iPad 和 Android》等适合文科专业师生教学用的网络与新媒体技术教材，在此感谢西南交大出版社的编辑们给予的大力支持。

《Axure RP 9 网站和 App 产品交互设计实战》胶印版已在成都锦城学院文学与传媒学院 6 个专业（网络与新媒体、新闻学、广告学、汉语言文学、汉语国际教育、行政管理）中试用 6 个学期，课程组教师根据课堂效果反馈不断迭代教材内容、丰富案例，三年磨一剑，终成此稿。

全书共 12 章。第 1 章对交互设计相关概念进行简单介绍；第 2 章带领读者初步认识 Axure RP 9 软件界面及常用操作，并了解互联网产品页面的管理；第 3~5 章介绍了 Axure RP 9 的元件库，详细介绍默认元件库中的基本元件和表单元件，并仿百度注册界面原型设计，帮助读者初步理解"交互"的概念；第 6~8 章介绍 Axure RP 9 中的动态面板、内联框架和中继器元件，第 9 章介绍 Axure RP 9 的高级交互；第 10 章介绍 Axure RP 9 如何进行团队项目管理；第 11、12 章，分别带领读者进行桌面端的门户类网站和移动端的社区类 App 原型设计实战。

本书第 1、2、6~11 章由郑伟撰写，第 3~5、12 章由王向军撰写。

限于作者水平，不足之处，敬请指正。

作　者

2022 年 12 月

目　录

第 1 章　交互设计概述

■ 本章导读

　　一个产品要想被用户所接受，首先需要满足用户的需求，因而如何收集用户的需求以及如何辨别需求的真伪则是产品需求分析的重要任务。除此之外，用户体验也会影响用户对产品的使用感受，所以满足用户需求的同时，还要做到产品的"用户体验"效果好，以增加产品的黏性，使产品深入人心并持续被关注。

■ 学习目标

➤ 了解产品设计相关的概念；
➤ 了解产品研发的基本流程；
➤ 掌握常用的原型设计工具。

■ 知识要点

➤ 产品设计相关的概念；
➤ 产品研发的基本流程；
➤ 常用的原型设计工具。

1.1　相关术语

1.1.1　交互设计

　　交互设计（Interaction Design，缩写 IxD）是一个定义和设计人造系统行为的设计领域。定义与人造物体行为模式相关的界面，不同的学者和专家对交互设计有不同的定义。

　　被称为"交互设计之父"的 艾伦·库珀（Alan Cooper）认为："交互设计是指在人与产品、服务或系统之间创建一系列的对话，交互设计更多是一种行为设计，是人与人工制品的沟通桥梁"。

　　海伦·夏普在《人机交互之外的交互设计》一书中指出，交互设计是设计交互产品的方式，以支持人们在日常工作和生活中的交流和互动。具体来说，交互设计就是创造新的用户体验，其目的是改善和扩大人们的工作、沟通和互动方式。

　　国内学者廖国良在他的《交互设计概述》一书中认为，交互设计是通过对用户行为、心理的分析判断，来帮助用户在最好的体验下达成目标。

　　交互设计是归属于设计学科下的一个分支，同时又是一门交叉性学科。交互设计涉及的领域包括界面设计、用户体验设计、工业设计、认知心理学、信息架构设计、视觉传达设计等，如图 1-1 所示。

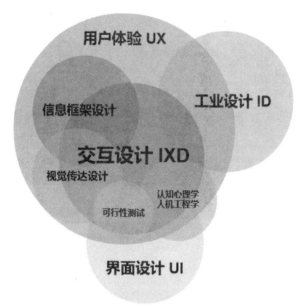

图 1-1　交互设计与其他学科的关系

1.1.2　界面设计

界面设计（User Interface，UI）是人与机器之间传输和交换信息的媒介。接口是机器的一部分。通过该界面，用户可以了解机器的工作状态，对机器进行控制，并获得机器的运行反馈。

初学者通常将界面设计等同于交互设计，这是不准确的。界面设计关注界面本身，如界面组件、布局和风格定位，以及支持有效的交互方法。界面设计服务于交互行为，是交互设计的一部分。交互行为决定了界面的设计要求，界面上的组件服务于交互行为。

此外，界面设计的重点不同于交互设计。交互设计的重点在于用户与产品在用户行为层面上的交互模式，而界面设计则注重静态视觉，体现交互设计的表现形式。

1.1.3　用户体验

用户体验（User Experience，UE）是指用户在使用产品（服务）的过程中建立的心理感受。这种主观感觉主要是通过用户的动手操作、眼睛观看、大脑思考、心灵感受等建立的。用户体验不是指产品本身如何工作，而是指产品如何与外部世界接触和运行，以及人们如何接触或使用它。良好的交互设计可以给用户带来积极的用户体验。

用户体验设计（User Experience Design，UED）是以用户为中心的设计方法，它关注情境因素对用户心理的影响，通过流程管理技巧和手段为特定用户提供良好的体验。用户体验设计不同于交互设计。用户体验设计的重点不再是产品功能实现和用户需求的满足，而是转向用户对产品体验过程的感受，从产品功能目标的实现（低水平）到对产品满意（中水平），再到产品良好的实践体验带来的惊喜（高水平）。例如，如果我们网上购物时需要注册并输入各种复杂的验证码，那就算最终实现了目标，经历的过程也不会那么愉快。

1.1.4 以用户为中心设计

以用户为中心设计（User Center Design，UCD）指的是设计师在设计过程中必须关注用户体验并强调用户优先级的设计模式。总之，在设计、开发和维护产品时，我们应该从用户的需求和感受出发，注重以用户为中心的产品设计、开发和维护，而不是让用户适应产品。如果 UE/IxD/UI 设计师是鱼，那么 UCD 就是水，这是设计师工作的理论基础，无处不在，如图 1-2 所示。

图 1-2 UCD 与其他设计的关系

1.2 产品交互设计的流程

产品指作为商品提供给市场，供人们使用和消费，能够满足人们特定需求的任何东西，包括有形商品、无形服务、组织、想法或它们的组合。产品研发是一项系统工程，需要经过一系列活动，有针对性、有计划、有组织地完成。一般来说，产品研发主要分为 6 个阶段：战略规划、需求分析、产品设计、产品开发、产品测试和产品检验。产品交互设计的任务包括前 3 个阶段。每个阶段都必须有明确的交付文件，如图 1-3 所示。

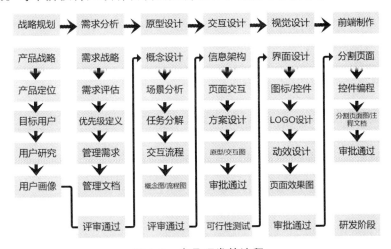

图 1-3 产品研发的流程

1.2.1 战略规划

对于一个成功的产品，必须有明确的战略规划，包括产品战略、定位和"用户画像"等。在战略规划阶段，产品定位尤为重要。如果产品定位模糊，方向不明确，产品开发将面临更大的风险。为了做好产品定位，我们需要根据自身需求和设计需求，系统收集各种线上线下客户信息以及消费行为等数据，然后对数据进行处理和分析，并利用分析结果为决策提供依据，最后更好地服务客户。

产品定位的一般原则有：

（1）不要只将用户的眼光吸引到产品华丽的外表上。

对于用户来说，过多的装饰会使屏幕拥挤，增加用户的使用难度，同时，用户安装应用程序会占用更多的存储空间，影响下载和打开的速度，并花费更多的流量开销。对于开发人员来说，也会导致开发周期延长，开发工作量增加，而且还可能带来投资失败的风险。

（2）明确自己在产品市场的角色。

例如，移动产品现在是数以万计的应用程序之一。现在很少有移动产品开发自己的支付平台，更多的是通过支付宝、微信等平台进行在线支付，实现双赢。因此，在设计和开发产品时，保持开放的概念将使产品更丰富、更具活力。

（3）有明确的市场目标。

对于一个即将研发的产品来说，确定产品的定位需要明确以下几个问题：

- 我们的产品吸引用户的亮点在哪里？
- 市场上是否有类似的产品，我们的优势在哪里？
- 我们的用户群有何特点？如何验证？
- 市场前景如何？是否可持续发展？
- 应用的核心功能是否满足用户的需求，是否能吸引用户持续使用？
- 是否有合理的市场推广方案？

产品战略和定位确定后，用户研究人员可以参与目标用户群的确定和用户研究，包括用户需求痛点分析、用户特征分析、用户使用产品的动机分析等。产品经理可以联合发布"用户肖像"角色文件，确定目标用户群。

1.2.2　产品的需求分析

需求分析的核心是需求评估、需求优先级定义和管理。恢复从用户场景中获取的真实需求，过滤非目标用户、非通用、非产品定位的需求。一般来说，需求筛选包括记录反馈、合并和分类、价值评估、风险和机遇分析、优先级确定等。

1．需求分析的误区

了解需求分析的主要环节后，为了做好需求分析，首先需要了解需求分析的 4 个误区：

（1）误区一：需求分析是产品经理的工作。

产品经理和交互设计师关注的层次不同，他们的思维方式完全不同。产品经理通常关注产品的业务级别，交互设计师通常关注产品的设计和实现级别。

产品经理关注的是产品业务级别的问题，而不是具体的功能或界面应该是什么样子。相反，它将重点放在产品战略和发展规划、业务价值分析、市场分析以及如何建立产品闭环上。

　　将产品策略转化为产品目标之后，有必要考虑需求挖掘、需求分析，管理输出产品要求的文件。（注：这里的需求分析不同于前文所描述的交互设计师的产品设计实施层面的需求分析，前者是指对哪些需求应该做、哪些不应该做、需求的优先级如何以及如何做等进行分析；后者则是指分析和细化业务目标、用户体验目标，协调资源和团队合作，促进产品目标的实现。）

　　交互设计师关注产品设计实现过程中的问题。在早期阶段，通过分析业务需求和用户需求，明确业务目标、用户体验目标和衡量指标，细化设计目标；输出流程图、信息架构图、交互原型方案和文档；继续优化产品体验，并在后期探索更多可能性。

　　因此，交互设计师必须理解需求，并有能力分析、分解和细化需求，以帮助输出良好的设计方案。

　　（2）误区二：将自己看成最终用户。

　　我们在日常工作中，当讨论用户的需求时，经常会不由自主地陷入这种状态："我认为用户需要这个功能"和"我怎么想"。在分析需求时，交互设计师往往不经意间将自己视为目标用户，并落入设计师自己的想象中。无论分析是基于目标用户的需求还是设计师自己的想象，都会对后续设计方案的可行性产生很大影响。

　　我们的产品视角会阻止我们成为目标用户，我们根本不是目标用户，我们没有他们的感受、经验和想法。虽然我们可以试着用同理心去感受和理解用户，或者假装是目标用户，但这不是一个好方法。

　　目标用户角色分析（即用户画像）是当前行业中更受认可的方法，它概述了目标用户的特征，是真实用户的典型示例。需要注意的是，用户画像中的用户不是真人，而是通过研究一些用户的需求、行为和感受，抽象并提炼成一组典型的用户描述，以帮助交互设计师分析用户需求和用户体验目标。

　　（3）误区三：设计就是完全听用户的。

　　"设计就是要听用户的，用户说什么，提出怎样的要求和建议，我们就怎么做。"这样肯定是不对的。

　　当用户提出需求时，我们需要考虑用户的特征、使用场景和行为，以及用户期望的效果。我们不仅应该了解用户的需求，还应该观察用户的行为，探索用户背后的动机。

　　例如，用户希望在软件中添加功能，这是一个表面的需求，但用户通常很难描述其内部的基本需求。用户的表面要求可能不适合我们的产品规划，或与我们产品的现有功能冲突。只有了解用户背后的动机，才能以其他方式满足用户的基本需求，让用户更加满意。

　　（4）误区四：只关注用户需求，而忽视业务需求。

　　在当今体验为王的时代，交互设计师是用户体验的忠实捍卫者。我们通常关注用户反馈，不愿意接受产品经理给出的一些可能会损害用户体验的业务需求。

　　例如，产品经理需要找到方法，在主任务流程中添加一个横幅，这将对用户完成主任务产生一定的影响，并且界面上不会很协调。然而，我们应该知道，产品需求开发的最终目的是获得商业利益。设计仍然要服务于业务，我们需要考虑的是如何在用户需求和业务需求之间找到平衡。在分析业务需求时，我们还需要分析和探索其深层目标，以及实现此类业务需求的度量指标。思考如何将业务目标转化为用户行为，并指导交互方案的设计。通过这种方式，解决方案可以尝试在满足用户需求和业务需求之间寻求平衡。

2．需求分析的步骤

需求分析一般分为四个步骤：需求穷举、角色和场景路径方法、焦点和需求集成、需求整合与决策，如图 1-4 所示。

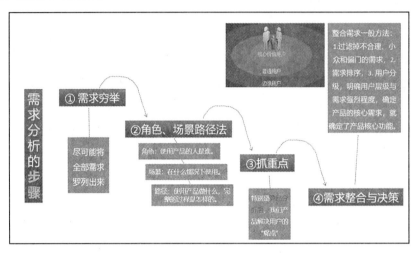

图 1-4　需求分析的一般步骤

3．需求分析的方法

需求分析的常用方法有：用户访谈法、问卷调查法、文献研究法、原型法、观察法和头脑风暴法。

在需求分析阶段，将头脑风暴和思维导图软件相结合，可以快速、全面地寻找解决问题的思路和具体思维方法，如图 1-5 所示。头脑风暴有助于打破需求盲点。思维导图工具可以帮助我们不断改进方法，保留有价值的信息，在整理产品需求和层次结构方面发挥良好的作用。

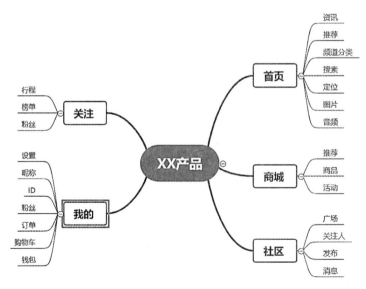

图 1-5　某产品的思维导图

在根据需求分析步骤收集和整理大量需求后，使用各种需求分析方法，产品人员会对需求进行优先排序和分类，最终交付的是产品要求文件（PRD）。

1.2.3　产品的交互原型设计

完成需求分析阶段的任务后，需要根据产品需求文档进行逻辑梳理、信息架构、逻辑线框和页面交互等内容制作。其目的是把产品需求表达出来，展示产品内容的优先级、结构和总体布局，而不是最终的视觉设计。从表达效果来看，原型以快速、低成本和直观的表达方式受到欢迎。

原型设计的类型通常分为草图、线框、低保真原型设计和高保真原型设计，其目的是验证设计阶段的需要。

1．草图

草图通常是手绘产品原型。产品需求确定后，设计师在白板或纸上绘制互动草图，构思、捕捉创意，与团队其他成员一起探索设计，逐步形成最基本的互动，创造用户体验，如图 1-6 所示。

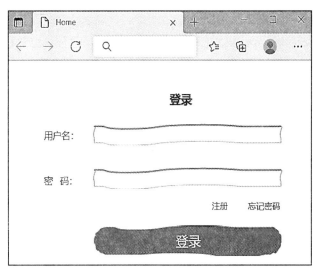

图 1-6　草图

2．线框图

线框图如图 1-7 所示，其功能是组织和呈现信息，它不是设计稿，线框图所展示的布局也不代表最终布局，线框图的设计思路是以内容为中心描述页面的功能结构，视觉设计师不需要在所有细节上受到它的限制。线框原型不是设计，线框与字体大小、颜色匹配、图片等无关，大多数人习惯形象思维，他们很容易将线框原型理解为在一定程度上表达了设计方案的设计稿。应该避免在线框图中过多地使用视觉化的元素，否则会干扰其对功能的呈现。

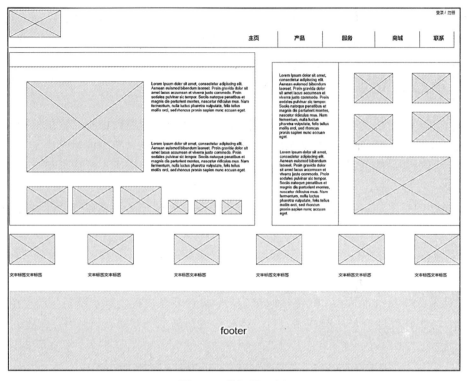

图 1-7　线框图示例

3．低保真原型

低保真原型是对产品的一个相对简单的模拟，也是一个初级原型，主要展示产品的外部特征和功能架构，如图 1-8 所示。通过快速生产和成型简单的设计工具，它被用于最初的设计概念和想法。低保真度原型只有有限的功能和交互式原型设计。它的界面仍然以静态呈现为主。它可以作为与开发者和用户沟通的载体，节省沟通成本，帮助用户表达对产品的期望和要求，但通常无法实现与用户的交互。

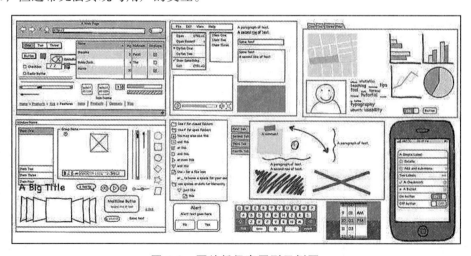

图 1-8　网站低保真原型示例图

4．高保真原型

高保真原型设计是产品的最终原型，但不是最终产品。它包括交互式设计，是无限接近成型后的产品形状，是开发阶段的参考。高保真原型设计可以显著降低通信成本，原型更准确、更精致，如图 1-9 所示。但是，保真度越高就意味着需要花更多的时间和开发精力，而且一旦有修改也会更加耗费时间。

图 1-9　高保真网站示例

高保真原型的交互功能不需要基于实际的生产级代码，只要页面元素能够根据用户行为做出必要的反馈即可。

交互原型设计阶段的另一个重要任务是原型测试。原型制作完成后，必须由具有代表性的用户对产品进行测试，获得用户反馈，以便进一步修改。通过用户测试，团队能够直接有效地洞察产品在用户行为、界面可用性、用户期望和功能匹配方面的性能，发现产品可能存在的问题和隐患，避免潜在风险。

原型测试的方法一般包括用户测试、可用性测试和其他测试。

原型测试完成后，要及时与团队一起回顾整个测试过程，总结发现的问题，明确优先级，并在下一轮产品原型迭代中尽快做出相应的改进和调整。

1.3　原型设计的工具

1.3.1　Mockplus

1．产品简介

Mockplus（摹客）是一个简单快速的原型设计工具。它

适用于软件开发和设计阶段的团队和个人。它低保真，无须学习，启动快，功能充足，能很好地表达自己的设计，满足众多用户群体的工作需求。Mockplus 可以快速构建和迭代原型，并为设计师提供简单高效的设计方法。

2．产品面向的用户群体

Mockplus 的使用者包括项目团队、产品经理、UI 设计师、程序员、个人爱好者等。

3．产品的主要功能

（1）快速交互设计（海量组件，只需拖曳即可完成交互）。
（2）快速复用功能（格式刷，组件样式，我的组件库）。
（3）快速团队协作（设定成员角色，管理分组，标注与评论）。
（4）快速演示（一键生成预览，支持 8 种演示方式）。
（5）快速服务（"三分钟内应答"服务）。
（6）自定义组件库。
（7）支持 Sketch 导入。

4．应用的情景

设计中低保真原型、快速原型、WEB/移动端/平板原型、线框图、视觉稿。

1.3.2 墨刀

1．产品简介

墨刀是一款在线原型设计和协作工具。在墨刀工具的帮助下，产品经理、设计师、开发人员、销售人员、运营商、企业家和其他用户群体可以构建产品原型并展示项目的效果。墨刀也是一个协作平台，项目成员可以在编辑和审查方面进行合作，它不但具有产品创意展示、从客户那里收集产品反馈、向投资者展示演示的功能，还具有团队和项目内部管理的功能。

2．产品面向的用户群体

墨刀的使用者包括产品经理、项目经理、UI 设计师、程序员等。

3．产品的主要功能

（1）只需拖动设置，即可将想法转化为产品原型。
（2）真机设备框架、沉浸感、全屏、离线模式等演示模式，项目演示效果逼真。
（3）与同事一起编辑原型，提高效率；一键共享，发送给他人，共享方便；它还可以对原型进行管理和评论，收集反馈并进行高效合作。

（4）简单地拖放可以实现页面跳转，复杂地交互也可以通过交互面板实现。各种手势和过渡效果可以实现与真实产品体验相当的原型。

（5）将 Sketch 设计稿墨刀插件上传到墨刀，并与开发者分享项目链接。无须登录即可直接获取每个元素的宽度、高度、间距、字体颜色等信息。它支持一次点击下载多倍率切割图像。

（6）内置丰富的行业素材库，可以创建自己的素材库和共享团队组件库，高频素材可以直接重复使用。

4．应用的情景

设计视觉稿/高保真原型、Web 线框图、网页原型。

1.3.3　Axure RP

1．产品简介

Axure RP 是美国 Axure Software Solution 公司旗舰产品。它是专业的快速原型工具，使负责定义需求和规范、设计功能和界面的专家能够快速创建应用软件或网站的线框、流程图、原型和规范文档。作为专业的原型设计工具，它可以快速高效地创建原型，并支持多人协同设计和版本控制管理。

2．产品面向的用户群体

Axure RP 的使用者主要包括商业分析师、信息架构师、产品经理、IT 咨询师、用户体验设计师、交互设计师、UI 设计师等，另外，架构师、程序员也在使用 Axure。

3．产品的主要功能

（1）强大的交互效果；
（2）规格说明文档；
（3）流程图；
（4）多人协作；
（5）版本控制管理；
（6）动态面板；
（7）控件注释面板；
（8）丰富的控件资源。

4．应用的情景

设计视觉稿/高保真原型、大型复杂项目、Web 线框图、网页原型。

本章总结

　　本章介绍了产品研发的相关概念和基本流程，通过产品的战略规划、需求分析为产品的设计提供依据，并利用高效的设计工具提高产品的设计效果。

第 2 章　初识 Axure RP 9

▰ 本章导读

Axure RP 是一款优秀的交互式原型设计软件，其强大的交互性能和良好的界面表现受到广大用户的好评。Axure RP 这款原型设计工具已经渗透到产品设计的各个环节，包括产品规划、设计、开发、测试、运营等。

▰ 学习目标

➢ 了解 Axure RP 9 的工作界面；
➢ 掌握 Axure RP 9 常用的功能；
➢ 掌握 Axure RP 9 生成站点地图。

▰ 知识要点

➢ Axure RP 9 的工作界面；
➢ Axure RP 9 常用的功能；
➢ Axure RP 9 生成站点地图。

2.1　认识 Axure RP 9 界面

Axure RP 9 的界面主要分为 12 个部分，顶部分别是：标题栏、菜单栏、主工具栏、样式工具栏；左侧包含 4 个面板：页面面板、概要面板、元件面板和母版面板；中间部分是画布工作区；右侧包含 3 个面板：交互面板、样式面板和说明面板。具体如图 2-1 所示。

1．标题栏

标题栏可以显示当前打开或新建的原型文档名称、Axure RP 程序名称以及注册信息等。

2．菜单栏

菜单栏主要包含文件、编辑、视图、项目、布局、发布、账户、窗口和帮助等功能板块，如图 2-2 所示。

文件：提供创建、保存、另存、文件导入、尺寸设置、打印、图片导出、备份、关闭文件等功能。

编辑：提供撤销、重做、剪切、复制、粘贴、全选、删除等功能。

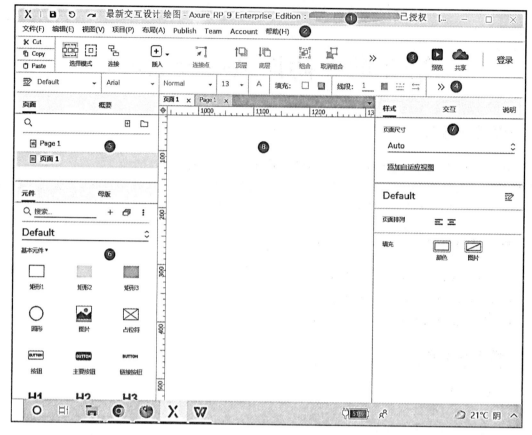

图 2-1　Axure RP 9 界面布局

文件(F)	编辑(E)	视图(V)	项目(P)	布局(A)	发布(U)	账号(C)	帮助(H)

图 2-2　菜单栏

视图：工具栏样式、功能区的显示、全屏、遮罩的显示、脚注、位置尺寸以及各种辅助线的设置。

项目：元件样式设置、页面样式设置、页面说明字段编辑、元件说明字段编辑、自适应视图设置、全局变量设置和项目设置（边界对齐和 DPI 像素设置）。

布局：调整图层的顺序、元件的对齐方式、分布方式、锁定元件、栅格和辅助线的设置、转换母版、转换动态面板、脚注、清除说明、重置连接符。

发布：预览原型、生成 HTML 文件、生成 word 说明书、管理配置文件。

账户：登录、退出 Axure 账号。

窗口：最小化窗口、最大化窗口、还原默认窗口大小。

帮助：在线培训、在线帮助、Axure 论坛、意见反馈、欢迎界面、管理许可证、检查更新、关于 Axure。

3．主工具栏

主工具栏包括经常使用的一些工具，比如编辑工具、对齐和预览等，如图 2-3 所示。

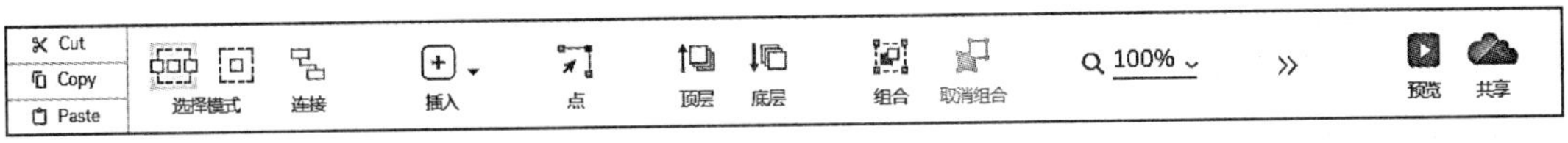

图 2-3　主工具栏

编辑工具：剪切（Cut）、复制（Copy）和粘贴（Paste）功能。

选择模式：包含选择、相交选择。

连接符工具：用于连接元件。

插入：钢笔、矩形、椭圆、线、文本、形状。

点：编辑形状的顶点。

顶层：将元件置于顶层。

底层：将元件置于底层。

组合：将多个元件组合成一个整体。

取消组合：将组合拆散。

缩放：缩放比例支持 10%、25%、50%、80%、100%、150%、200%、300%、400%、800%。

元件对齐方式：左对齐、左右居中对齐、右对齐、顶部对齐、上下居中对齐、底部对齐。

元件发布方式：水平平均分布、垂直平均分布。

预览：用浏览器预览 HTML 原型效果。

共享：将原型文件上传至 Axure 官方云端。

4．样式工具栏

样式工具栏主要针对图形和文字等进行格式化处理，如图 2-4 所示。

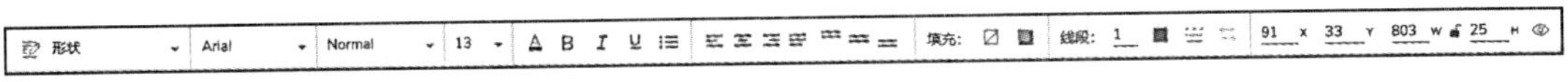

图 2-4　样式工具栏

管理元件样式：自由灵活设置各类型元件的样式，包含颜色、字体、边距、透明度、阴影等。

文字：字体、字重、字号、文字颜色、加粗、斜体、下划线、项目符号。

文本对齐方式：左对齐、左右居中、右对齐、两端对齐、顶部对齐、上下居中、底部对齐。

填充：颜色、阴影。

边框：边框线厚度、线条颜色。

线条样式：直线、虚线。

箭头样式：左箭头、右箭头、实心箭头、空心箭头、菱形箭头等。

X：元件的横坐标值；Y：元件的纵坐标值 。

W：元件的宽度；H：元件的高度。

元件的可见性设置（显示或隐藏）。

5．页面面板

页面面板如图 2-5 所示。

页面面板用于显示原型的所有页面，可对页面进行的管理操作主要包含：

（1）页面增删改查；

（2）页面命名；

（3）页面位置移动；

（4）页面层级的升降；

（5）文件夹的创建、移动、增删改查；

（6）生成流程图；

（7）其他。

6．概要面板

概要面板管理原型当前所编辑的页面中所有元件，如图 2-6 所示，可以进行元件的排序、调整层级、筛选、选择以及右键菜单中的相关操作，主要管理操作包含：

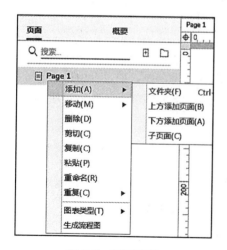

图 2-5　页面面板

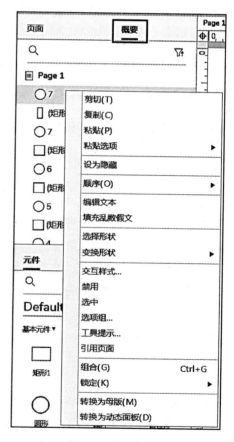

图 2-6　概要面板

（1）元件的搜索查看；

（2）元件的过滤和筛选；

（3）元件的可见性；

（4）元件图层层级移动；

（5）元件编辑；

（6）元件的组合操作；

（7）元件自身的其他操作。

7．元件面板

默认将元件分类为所有、默认、流程和 Icons，如图 2-7 所示。在这里可以对元件库进行以下管理操作：

（1）新增元件库；

（2）新增图片库；

（3）移除元件库；

（4）编辑元件库；

（5）查找元件。

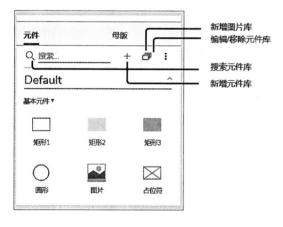

图 2-7　元件库面板

图 2-8　母版面板

8．母版面板

母版面板用于管理原型中所使用的母版，如图 2-8 所示。这里可以对母版进行以下管理操作：

（1）查找母版；

（2）新增母版、新增文件夹；

（3）删除母版、删除文件夹；

（4）移动母版的位置；

（5）移动母版的层级；

（6）设置母版的拖放行为：任何位置、固定位置、脱离母版。

9．主工作区

主工作区也就是操作区域、操作边界，所有的元件操作应用都基于工作区进行。可通过样式面板的页面尺寸设置工作区域大小；可通过基本工具栏中的缩放工具放大、缩小工作区展示方式。

另外需要注意的是主工作区的坐标系统以（0，0）为中心点，Y轴方向向下为"+"，向上为"－"，X轴方向向右为"+"，向左为"－"，在 Axure RP 9 中允许用户将内容放置在标准坐标系外，按住快捷键（Ctrl+9）返回默认坐标（0，0）位置，如图 2-9 所示。

图 2-9　坐标系

10．交互面板

交互面板用于管理页面和元件的交互事件以及元件的属性，可以进行交互事件内容的添加、删除以及交互事件中情形与动作排序的操作，还有元件属性的设置。

交互分为页面交互和元件交互。

页面交互：包括页面载入、窗口改变大小、窗口滚动、窗口向上滚动、窗口向下滚动、页面鼠标单击、页面鼠标双击、页面鼠标右键单击、页面鼠标移动、页面键盘按键按下、页面键盘按键松开、自适应视图变更，如图 2-10 所示。

元件交互的类型分为交互事件和交互样式。

交互事件：包括鼠标单击、鼠标双击、鼠标右键单击、鼠标按键按下、鼠标按键释放、鼠标移动、鼠标移入、鼠标移出、键盘按键按下、键盘按键松开、移动、旋转、改变大小、显示、隐藏、载入、获得焦点、失去焦点，如图 2-11 所示。

交互样式：包括鼠标悬停、鼠标按下、选定、禁用、获得焦点，如图 2-12 所示。

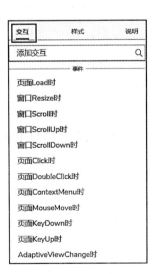

图 2-10　页面交互

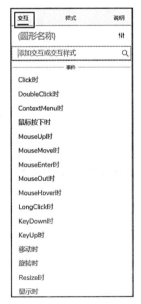

图 2-11　元件交互的交互事件

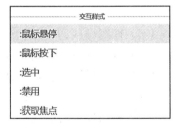

图 2-12　元件交互的交互样式

11．样式面板

样式面板分别管理页面样式和元件样式。

页面样式主要包含尺寸、对齐方式、颜色、背景图的导入与显示方式等的设置，如图 2-13 所示。

元件样式主要包括位置和尺寸、透明度、文字排版、填充、边框、阴影、圆角、边距等设置，如图 2-14 所示。

12．说明面板

说明面板是对页面和元件进行文字注释，可以实现说明字段的添加、删除以及组织说明内容的操作，也可以对文字设置加粗、斜体、下划线，设置字体颜色，对段落文本增加项目符号等，如图 2-15 所示。

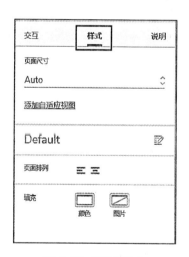

图 2-13　页面样式

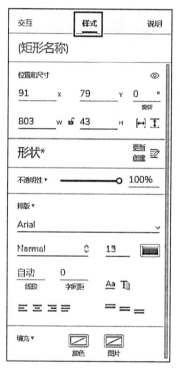

图 2-14　元件样式

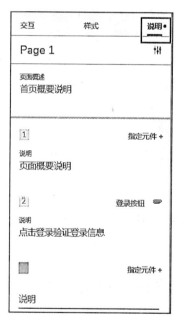

图 2-15　页面说明和元件说明

2.2　文件的常用操作

文件的基本操作主要包括原型文档的新建、打开、关闭、保存以及导入等操作，这些常用的命令可以在【文件】菜单中找到。

2.2.1　新建文件

默认状态下，启动 Axure RP 9 时，程序会自动创建一个名为"Page1"的原型文档，如果要新建文件，则可以执行【新建】(【 Ctrl+N 】)命令。

2.2.2　保存文件

在【文件】菜单中，能够进行文件的保存操作，如果文档新建后是首次保存，则执行【保存】(【 Ctrl+S 】)命令，与执行【另存为】(【 Ctrl+Shift+S 】)命令功能是一样的。Axure RP 文件源文件的扩展名为".rp"。

2.2.3　打开文件

执行【打开】(【 Ctrl+O 】)命令可以弹出对话框，然后查找电脑中扩展名为".rp"的文档单击即可，也可以打开其他类型的文档，如图 2-16 所示。

.rp 是 Axure RP 的源文件格式，.rplib 是元件库文档格式，.ubx 是 Ubiquity 的文档格式。如果打开最近使用过的文档，可以执行【文件】菜单中的【打开最近编辑的文件】命令。

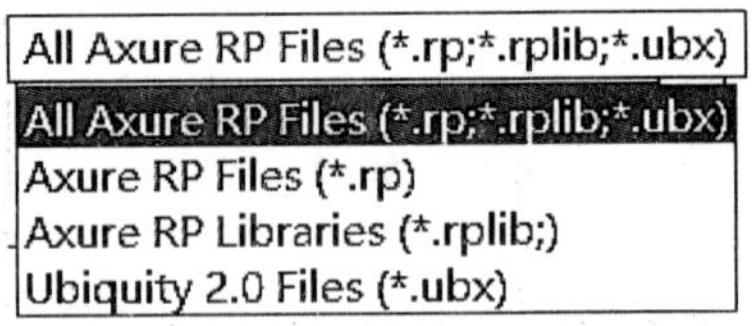

```
All Axure RP Files (*.rp;*.rplib;*.ubx)
All Axure RP Files (*.rp;*.rplib;*.ubx)
Axure RP Files (*.rp)
Axure RP Libraries (*.rplib;)
Ubiquity 2.0 Files (*.ubx)
```

图 2-16　Axure RP 打开的文档类型

2.2.4　导入文件

导入文件和打开文件的区别在于：【导入】是将一个 RP 文件中的一个或多个页面上的内容以及相关参数设置保存在当前打开或新建的文档中，成为当前文档的一部分；而【打开】则是将文档直接打开，原来打开的文档将被关闭。

2.2.5　关闭文件

执行【文件】菜单中的【退出】(【 Alt+F4 】)命令即可将 Axure RP 程序关闭，如果要关闭当前修改过但未保存的文档，则会弹出【保存】对话框。

2.2.6　自动备份与恢复

默认设置下，Axure RP 9 会每隔 15 min 为我们当前编辑的原型文件做一次自动备份。如果想设置备份的时间间隔，可以在【偏好设置】中的【常规】面板中进行设置，如图 2-17 所示。

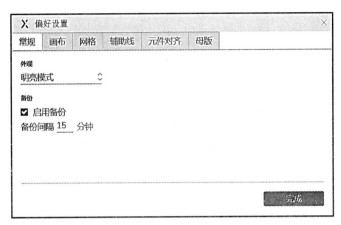

图 2-17　【偏好设置】对话框中的【常规】面板

2.2.7　从备份中恢复文件

在【文件】菜单中有一个【从备份中恢复…】的功能，使用这个功能，可以让我们能够自动定期将我们在做的项目进行备份，以防止软件突然出问题而造成的损失。

勾选【偏好设置】对话框中【常规】面板中的【启用备份】按钮后，点击【文件】菜单中的【从备份中恢复】对话框中恢复指定时间的文件，如图 2-18 所示。

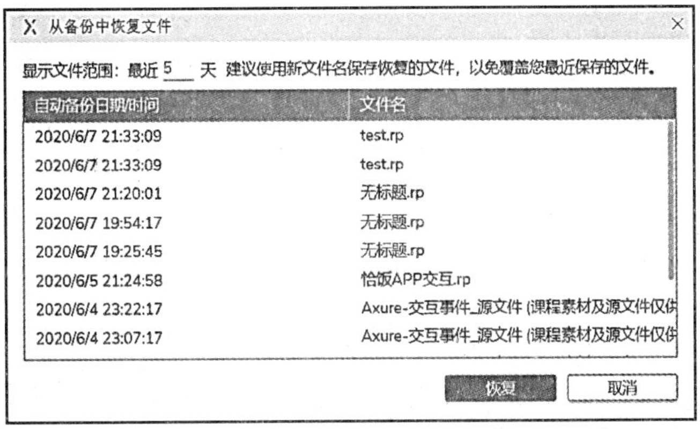

图 2-18　"从备份中恢复文件"对话框

2.3　创建第一个项目："生成站点地图"

2.3.1　什么是站点地图

站点地图（site map），是一个列出网站上所有重要页面地址的清单文件，通常分为两类，一类是给搜索引擎抓取所用，另外一类是给浏览者查看，前者帮助搜索引擎更好地收录网站，后者帮助浏览者更好地了解网站的整体结构、更快地找到他们想要的内容。本小节所讲述的主要是后者。

2.3.2　项目实操：生成"KF 网"的站点地图

下面我们一起动手做一个"KF 网"的站点地图的原型，这个项目是对"KF 网"进行站点地图的设计、页面的规划以及对页面的基本操作。通过这个项目实操掌握在生成"KF 网"站点地图时，先进行该站点的功能模块或者栏目的规划，规划完成后在 Axure RP 的【页面面板】中进行模块页面的添加、移动或者删除等相关操作，同时利用【生成流程图】功能生成"KF 网"的站点地图，主要的环节有"KF 网"站点的页面规划、添加页面和生成流程图。

1．"KF 网"站点的页面规划

在浏览器地址栏中输入网址 http://lm.cdjcc.com.cn，可以看到如图 2-19 所示的页面。

图 2-19　"KF 网"站点

在"KF 网"首页顶部，可以分为学院介绍、师资队伍、教学管理、研究机构、学生工作、实习实训和头条学院 7 个一级栏目，需要建立这 7 个一级栏目的栏目页面。鼠标移动到每个栏目上，右边区域出现一级栏目对应的子栏目，需要在每个一级栏目下面创建子栏目页面。接下来以第一个一级栏目为例进行实操，"学院介绍"的子栏目有"我院简介""专业介绍""学院院长""研究机构""行政人员"和"大事记"6 个子栏目，如图 2-20 所示。

图 2-20　　"KF 网"站点栏目

2．添加页面

启动 Axure RP 9 原型设计软件后，将【页面面板】中默认的"page1"页面重命名为"KF 网首页"，按照之前的页面规划，在"KF 网首页"下面建立 7 个同级栏目页面，如图 2-21 所示。为第一栏目"我院简介"创建 6 个子栏目页面，创建完成的结果如图 2-22 所示。

3．生成流程图

【页面】面板除了新增页面、移动页面、删除页面等页面管理外，还提供【生成流程图】功能。

（1）在【页面】面板中的主根"KF 网首页"页面单击右键，可以看到【生成流程图】功能，如图 2-23 所示。

图 2-21　7 个主栏目页

图 2-22　　"学院介绍"栏目的子页面

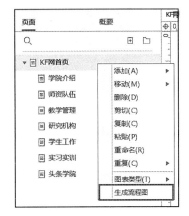

图 2-23　生成流程图操作

（2）选择【生成流程图】功能，可以生成如图 2-24 所示的栏目结构关系。

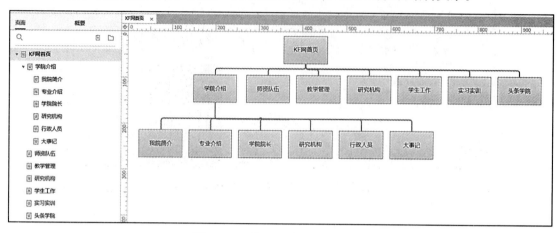

图 2-24   "KF 网"的站点地图

通过生成的流程图，可以清晰地看到"KF 网"站点有哪些栏目以及它们的层级关系。

本章总结

本章介绍了 Axure RP 9 的工作界面和常规元件，并通过生成流程图功能制作站点地图，实践训练 Axure rp 9 软件功能的使用方法。

第 3 章　Axure RP 9 元件的基本操作和母版

■■ 本章导读

元件作为 Axure RP 9 的基础功能，产品界面的展示与交互事件的设置都离不开它，熟练掌握并了解每个元件的功能及用途，对原型设计来说尤为重要。

一些可复用的模块，可利用母版减少重负劳动。

本章将介绍 Axure 元件的基本操作和母版。

■■ 学习目标

➤ 了解元件的基本操作和母版；

➤ 掌握常用的基本元件和母版的使用方法。

■■ 知识要点

➤ 产品原型的页面布局由元件组成；

➤ Axure RP 9 官方提供了三类元件库：默认元件库、流程元件库和图标元件库；

➤ 在页面中直接引用母版，可减少重复工作。

3.1　元件及元件库

元件也叫组件，是组成产品原型的零件。Axure RP 9 提供了三个官方元件库：默认元件库（Default）、流程元件库（Flow）和图标元件库（Icons）。Axure 也支持导入第三方的元件库使用。

3.1.1　图标元件库

图标元件库（Icons）是基于 Font Awesome 图标字体中的各种图标制作发布的形状元件，如图 3-1 所示。

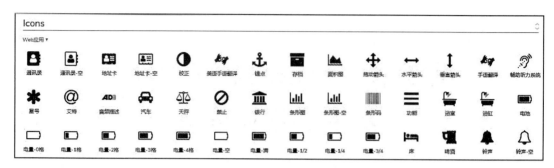

图 3-1　图标元件库（部分）

3.1.2　流程元件库

流程元件库（Flow）包含各种流程图的形状，如图 3-2 所示，通过这些形状可以构建流程图。

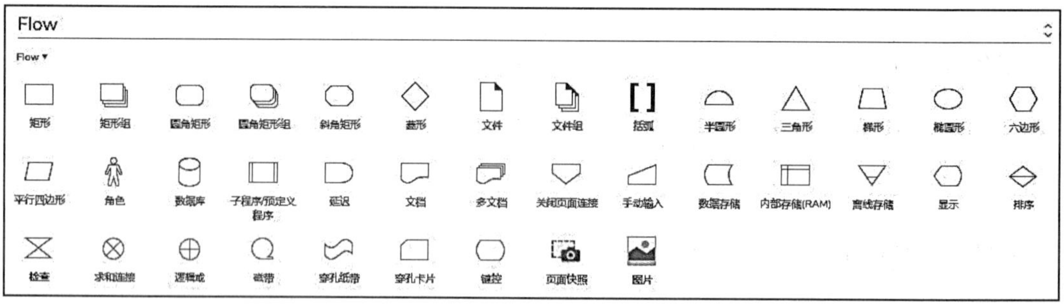

图 3-2　流程元件库

常用流程图形状的含义及作用如下

矩形：一般用来表示执行；

圆角矩形：用于表示程序的开始或者结束；

菱形：用于表示判断；

文件：用于表示为一个文件；

括弧：用于注释或者说明；

半圆形：用于表示页面跳转的标记；

三角形：用于表示数据的传递；

梯形：用于表示手动操作；

椭圆形：用于表示流程的结束；

六边形：用于表示准备或起始；

平行四边形：用于表示数据的处理或输入；

角色：模拟流程中执行操作的角色是谁；

数据库：保存数据的数据库；

页面快照：用于表示引用项目内某一页面的缩略图。

通过在快捷功能中选择【连接】工具，可绘制形状间的连接线，如图 3-3 所示。单击选择连接线，可以修改连接线的箭头形状。双击连接线，可以添加文字。

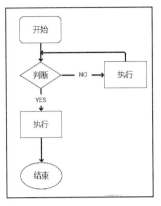

3.1.3　默认元件库

默认元件库（Default）中包含了 4 种类型的常用的元件：基本元件、表单元件、菜单和表格元件、标记元件，如图 3-4 所示。我们将在后面的章节中将详细介绍这些元件。

图 3-3　简单流程图

3.1.4　添加第三方元件库

如果要将本地存储的第三方元件库文件添加到"元件库"面板中，可以单击面板顶部的"添加库"命令。在出现的文件浏览器中，找到所需的.rplib 文件，将其添加到元件库中，如图 3-5 所示。

图 3-4　默认元件库　　　　　　　　　　图 3-5　添加元件库

3.2　元件的基本操作

3.2.1　使用元件

在原型中需要使用某类元件的方法有如下三种：

方法一：用鼠标从元件库中把元件拖拽到画布上。

方法二：在顶部功能菜单中点击【插入】按钮，选择对应的图形项目，然后将鼠标移入画布区域，按住鼠标左键拖动，就可以绘制出对应的图形了，如图 3-6 所示。

方法三：用快捷键，例如按一下键盘上的"o"键，然后按住鼠标左键在画布中拖拽，就能快速画出一个椭圆形。

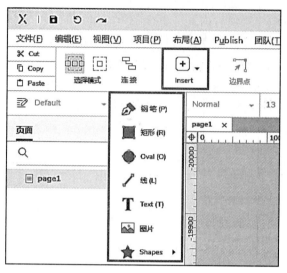

图 3-6　通过功能菜单插入元件

3.2.2　选中元件

选中元件的方法有如下三种：

方法一：单击选中。在画布区域，用鼠标单击对应的元件即可选中。按住 Shift 键或者 Command/Control，可以多选。

方法二：框选。鼠标移动到画布空白处，拖动鼠标，在形成的正方形区域中框住一个或多个元件，可以实现批量选中。

框选有两种方式，相交选中和包含选中，如图 3-7 所示。相交选中，只要框线碰到的元件就可以选中。包含选中，要完全框住的元件才可以被选中。

图 3-7　框选的两种选择法式

方法三：在"概要"面板里，鼠标单击选中对应的元件。按住 shift，可以连续多选。按住 Command 或 Control，可以任意多选。Command+A 或 Control+A 可以全选当前页面的所有元件。

3.2.3　删除元件

选中一个或多个想要删除的元件，按删除键（Delete）或者退格键（Backspace），可以将其删除。

3.2.4　复制元件

方法一：选中元件，先按 Control+C 复制，然后再按 Control+V 粘贴。

方法二：按住 ALT 键，鼠标移入想要复制的元件，然后按住鼠标左键拖拽，可以快速复制一个元件。

3.2.5　改变元件的位置

要改变元件的位置，只需要拖动对应的元件即可。另外也可以在顶部快捷样式菜单中设置坐标值，让元件移动到指定位置。X 轴是横轴，改变 X 轴坐标可以调整元件左右的位置。Y 轴是纵轴，改变 Y 轴坐标可以调整上下的位置。在"样式"面板中也可以设置坐标位置，如图 3-8 所示。

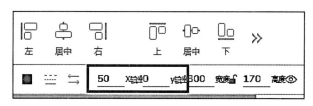

图 3-8　通过设置 X 轴和 Y 轴的坐标改变元件位置

3.2.6　改变元件的尺寸

选中元件后，元件四周会出现方形手柄，拖动任意手柄即可改变元件的尺寸。按住 shift 键，拖动手柄调整尺寸时可以锁定宽高比例。快捷样式菜单栏上或者在"样式"面板中调整宽度值和高度值也可以改变元件的尺寸。中间有个小锁的图标，可以锁定纵横比，如图 3-9 所示。调整其中一个数值时，另外一个会自动填上等比例的数值。

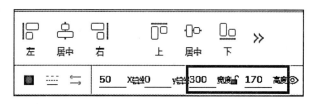

图 3-9　通过设置宽度值和高度值改变元件大小

3.2.7　锁定元件

有时候，我们不想改变某些元件的位置和大小，为了防止在调整其周边元件时误操作，这时候我们可以锁定这些元件，这样在改变其他元件位置或尺寸时，被锁定的元件就不会受到影响。

选择要锁定的元件，单击右键，选中"锁定"→"锁定位置和尺寸"，如图 3-10 所示。被锁定的元件在选中时边框会变成红色。

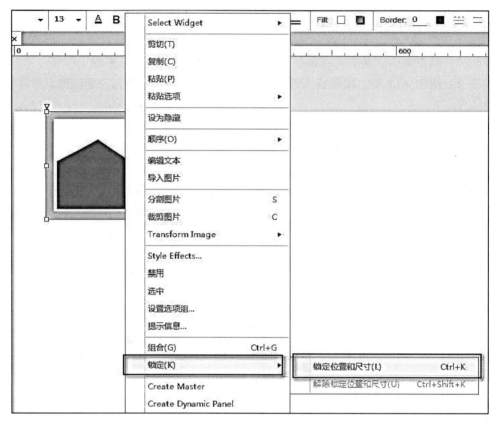

图 3-10　锁定元件位置和尺寸

3.2.8　隐藏元件

在需要被隐藏的元件上单击右键，在菜单中选择"设为隐藏"；或在样式菜单中单击眼睛图标，如图 3-11 所示。隐藏的元件会有一个黄色的遮罩效果。

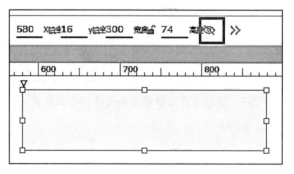

图 3-11　隐藏的元件

3.2.9　给元件命名

系统对添加到页面中的元件默认以元件类型命名，比如矩形、图片。当某一类元件在同一页面中的个数较多时，不便于我们添加交互效果，所以我们往往要给页面中的元件命名。

给元件命名有两种方式：

方式一：在"概要"面板中，点击两次对应的元件，即可修改名称，如图 3-12 所示。（注意这里不是双击，两次点击要间隔一点时间。）

方式二：选中元件，在"样式"或"说明"面板中输入名称，如图 3-13 所示。

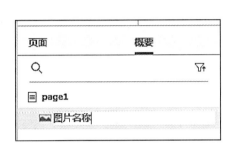

图 3-12 通过"概要"面板修改元件名称　　图 3-13 通过"说明"面板修改元件名称

3.2.10 组合元件

Axure RP 9 中可以将多个元件组合起来，组合可以被命名，也可以被当成一个元件来进行交互、调整位置及尺寸等。

组合：选中多个元件，在顶部菜单中点击"组合"图标即可，如图 3-14 所示。

取消组合：选中一个组合，点击"取消组合"，可以解散元件组，如图 3-14 所示。

选中组合中的元件：单击组合里的任何一个元件，即可选中整个组合；然后双击其中一个元件，可以选中单个元件，对单个元件进行编辑。

组合也可以被当成一个元件再组合。

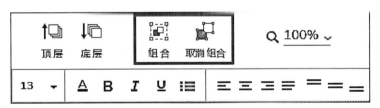

图 3-14 组合元件

3.2.11 元件的层次顺序

拖入画布中的多个元件是按前后顺序进行堆叠的，最先拖入的在最底层，最后拖入的在最顶层。如果重叠，下层的元件会被上层的元件遮盖。在【概要】窗口中，元件的上下位置就代表其层级关系。默认情况下最下面的元件就是最底层。

可以在【概要】窗口中直接拖动元件，改变其层级关系。或者在某个元件上单击鼠标右键，在右键菜单中找到"顺序"，也可以调整层级关系，如图 3-15 所示。

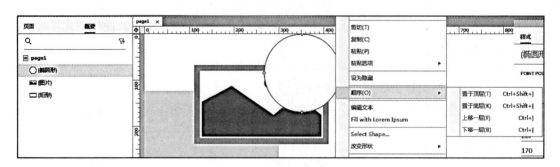

图 3-15 元件的层次顺序

3.2.12 元件的对齐和分布

通过"对齐"和"分布"，可以快速对元件的位置进行排列和调整，如图 3-16 所示。

图 3-16 元件的对齐和分布

对齐有水平对齐（左侧、居中、右侧）和垂直对齐（顶部、中部、底部）。

左侧：以第一个选中的元件的左侧边线为基准对齐。

居中：以第一个选中的元件的垂直中线对齐。

右侧：以第一个选中的元件的右侧边线为基准对齐。

顶部：以第一个选中的元件的顶部边线为基准对齐。

中部：以第一个选中的元件的水平中线对齐。

底部：以第一个选中的元件的底部边线为基准对齐。

分布是用来调整三个或三个以上元件之间的间距的。一般我们先要将元件对齐后，再操作分布。

水平分布：选中所有元件，确定最左边和最右边的元件位置，然后点击"水平分布"，所有元件就在水平方向等距离平均分布了。

垂直分布：选中所有元件，确定最上面和最下面元件的位置，然后点击"垂直分布"，所有元件就在垂直方向等距离平均分布了。

注意：至少选中两个元件才可以进行对齐操作，至少选中三个元件才可以进行"分布"操作。

3.2.13 元件样式

可以在"样式"面板或者顶部样式工具栏中定义元件的样式属性。元件的常用样式属性有：

1．透明度

可以调整元件的透明度。0% 为完全透明，100% 为不透明。如图 3-17 所示，上层图片的透明度为 70%，则可以隐约看到下层图片。

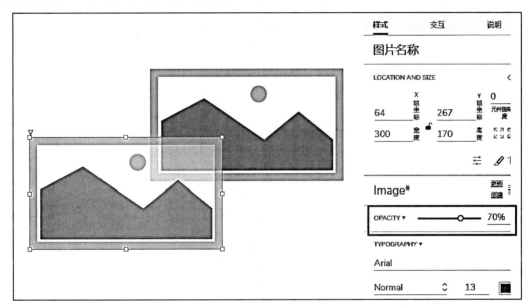

图 3-17　调整元件的透明度

2．文本格式

文本格式可以设置字体、字形、字号、颜色、行高、文字间距，如图 3-18 所示。段落可以设置水平对齐方式（居左、居中、居右、两端对齐）、垂直对齐方式（顶部、中部、底部）。

图 3-18　文本格式设置

3．填充

彩色填充：可以设置用纯色或线性渐变、径向渐变的颜色作为背景。

图片填充：可以引用一个图片作为元件的背景，并且可以设置背景图片的位置和样式，如图 3-19 所示。

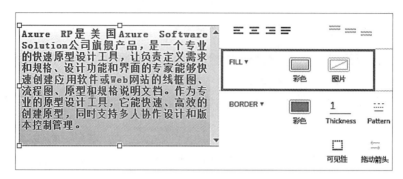

图 3-19 　【线性渐变填充效果】

4．边框

可以设置边框或线型样式，包括颜色、线宽（线宽设置为 0 即为不显示边框）、线型（实线、虚线等），如图 3-20 所示。

矩形类的元件，可以点击"可见性"单独设置上下左右各个边框的可见性。

线段和连接线类的元件，可以点击"拖动箭头"设置箭头样式。

图 3-20 　多行文本框的上、下边框线效果

5．阴影

设置元件的外部阴影或内部阴影，如图 3-21 所示。可以自定义阴影位置、模糊度、颜色。

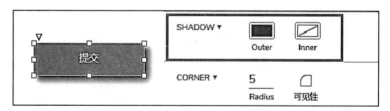

图 3-21 　按钮的外部阴影效果

6．圆角

可以设置矩形类元件的圆角属性。圆角半径数值控制圆角的大小，单位为像素。也可以设置四个圆角的可见性，如图 3-22 所示。

在画布中，选中矩形元件，拖动左上角的黄色三角形手柄，也可以改变圆角半径。

注意：边线可见性会影响圆角属性，角对应的两条边线必须都可见，圆角效果才会出现。

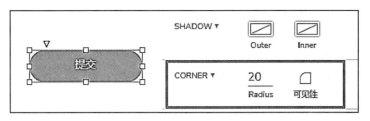

图 3-22　按钮的圆角效果

7．内边距

内边距属性可以控制文字在元件内部的位置，可以分别设置上下左右的参数值，单位为像素，如图 3-23 所示。

图 3-23　设置了多行文本框的内边距

3.2.14　标尺、网格和辅助线

我们可以将 Axure RP 9 的标尺、网格和辅助线用作简单的视觉指南，帮助我们布置元件，如让元件自动相互对齐等，如图 3-24 所示。

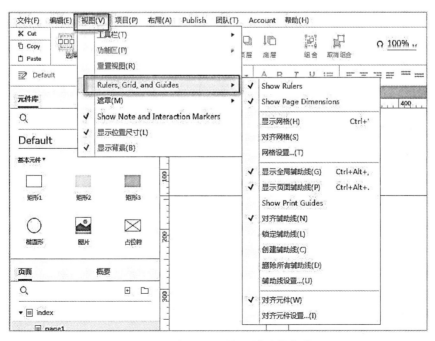

图 3-24　标尺、网格和辅助线菜单

1．网格

显示网格：选择"视图"菜单→"标尺，网格和辅助线"，然后勾选"显示网格"，可以在画布上显示点或线的网格，如图 3-25 所示。

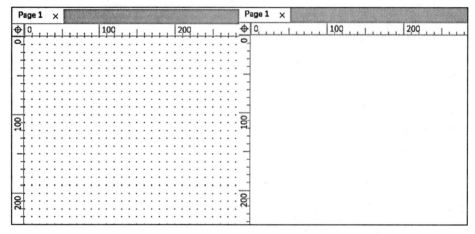

图 3-25　线型网格和交叉点网格

对齐网格：当勾选了"视图"菜单→"标尺，网格和辅助线"→"对齐网格"命令时，无论网格是否可见，当通过拖动移动元件或调整其大小时，元件都会捕捉到该网格。

网格设置：默认情况下，网格的间距为 10px，样式为交叉点。使用"视图"菜单→"标尺，网格和辅助线"→"网格设置"对话框，可以自定义网格间距，修改网格样式为线或交叉点，或者更改网格的颜色，如图 3-26 所示。

图 3-26　网格设置

2．辅助线

辅助线是添加到画布上的线条，有助于标记元件的位置。可以在"视图"菜单→"标尺，网格和辅助线"中切换各种辅助线的可见性。

　　显示页面辅助线：辅助线出现在项目的单个页面或母版中。要将页面辅助线添加到画布，从画布顶部或左侧标尺上单击并拖拽放置到画布所需的 X 或 Y 值处即可。页面将辅助线默认为蓝绿色。

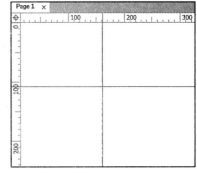

　　显示全局辅助线：要创建全局辅助线，同时按住 CTRL 或 CMD 键，并从标尺上拖拽到画布即可。无论当前正在使用哪个页面或母版，全局辅助线始终在画布上可见。全局辅助线默认为紫红色，如图 3-27 所示。

　　删除页面或全局辅助线：右键单击辅助线，然后选择"删除"，或者按"Delete"键可以删除一个或一组辅助线。要删除页面上的所有辅助线，可通过"视图"菜单→"标尺，网格和辅助线"→"删除所有辅助线"命令。

图 3-27　显示页面和全局辅助线

　　创建辅助线"对话框：选择"视图"→"标尺，网格和辅助线"→"创建辅助线"命令，通过"创建辅助线"对话框可以一次创建一系列页面或全局辅助线。可以自定义每个选项，也可以从对话框顶部的下拉列表中的四个预设中进行选择，如图 3-28 所示为创建预设的辅助线。

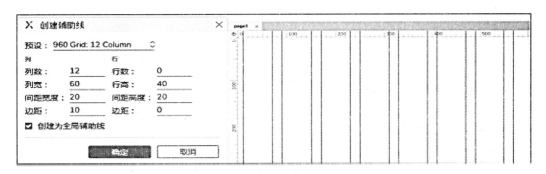

图 3-28　创建预设的全局辅助线

　　锁定辅助线：可以锁定页面和全局辅助线，以防被移动或删除。选择一个或多个辅助线，单击右键，在菜单中选择"锁定"。或通过选中"视图"→"标尺，网格和辅助线"→"锁定辅助线"锁定项目中的所有辅助线。

　　对齐辅助线：勾选"视图"→"标尺，网格和辅助线"→"对齐辅助线"命令，当在画布上拖动元件或调整其大小时，元件将自己捕捉到附近的所有辅助线。

　　标尺：勾选"视图"→"标尺，网格和辅助线"→"显示标尺"命令，标尺将在画布的左边缘和上边缘显示。

　　对齐元件：当在画布上拖动元件或调整其大小时，其侧面和中点将自动捕捉到附近元件的侧面和中点，并出现红色辅助线，指示元件要吸附的周边元件及像素距离。

　　可以在"视图"→"标尺，网格和辅助线"→"元件对齐"对话框中更改元件对齐辅助线的颜色并定义要对齐元件的边距（例如，距附近的元件 20px 时对齐），如图 3-29 所示。

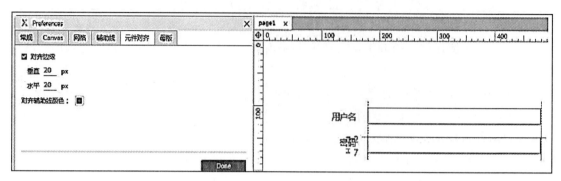

图 3-29　文本框距离附近元件 20px 时出现红色对齐辅助线

3.3　基本元件

基本元件包含形状、图片、文本、线段、热区以及容器元件等，如图 3-30 所示。基本元件使用非常广泛，常见的页面基本上都可以用这些元件完成搭建。

形状：形状元件包括各种矩形和形状按钮，常用于页面中的一些背景形状和按钮。双击页面上的形状元件可以编辑元件上的文字。

图片：图片元件一般用于为页面添加各种图片或图标，双击页面上的图片元件即可导入默认显示的图片。点击鼠标右键，菜单中选择"编辑文本"命令，可以编辑图片元件上的文字。

文本：文本元件包括文本标签、文本段落、一级标题、二级标题和三级标题，用来表示页面中的一些文字内容。文本元件也是形状元件。

线段：包括水平线和垂直线，常用于页面中的一些分隔线。这两个元件可以通过改变角度互相替代。另外，线段与形状也可以相互转换。

热区：热区是一个透明元件，我们最常利用的就是它透明的特性，比如在一张图片中的两个不同位置

图 3-30　默认元件库

上添加点击的交互，就可以在这两个位置上放置两个热区，然后分别为这两个热区添加点击的交互。

动态面板：容器类元件，在后面章节将有详细的说明。

内联框架：容器类元件，简称框架，可以在页面的某个区域嵌入项目中的其他页面或某个 URL 指向的网页，还可以嵌入一些多媒体文件，例如 MP3、AVI、SWF 等文件。在后面章节将有详细的说明。

中继器：容器类元件，在后面章节将有详细的说明。

3.4　母版

在 Axure 的原型设计中，有很多元素（元件）都会有统一的标准、统一的风格。如页面顶部的 Logo、导航栏和页面底部的版权信息、联系方式等，这时，我们通常都会顶部和底部模块设计为 Masters（母版）。然后再在页面中直接引用。以此减少重复工作，提高效率，同时降低由于重复修改导致的错误率。

3.4.1　创建母版

创建母版有两种方式：通过已经设计好的原型转化为母版，或在母版模块新建新母版。

1．通过已经设计好的原型转化为母版

（1）首先框选需要组成母版的元件组，点击右键，选择 Convert to Master（转换为母版）。如图 3-31 所示。

（2）在转换为母版对话框中，设置新母版名称。

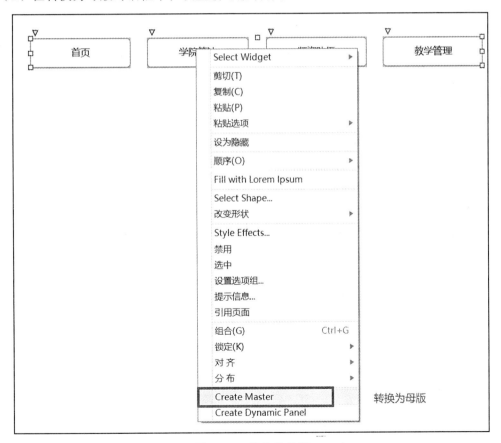

图 3-31　转换为母版

2．在母版模块中新建母版

（1）在母版模块，点击右上角的"添加母版"按钮，如图 3-32 所示。模块内出现新母版，修改母版名称。

（2）双击母版，即可打开该母版进行设计。

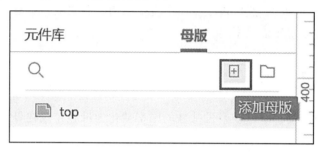

图 3-32　添加母版

3.4.2　引用母版

如某个页面需要使用这些母版，需要添加母版到页面中，母版添加到页面中后，拖放行为有任意位置、固定位置和脱离母版三种方式。

1．添加母版到页面中

添加母版到页面中有两种方式：

• 在母版模块，右键单击母版名称，选择"添加到页面中"，在"添加母版到页面中"对话框中，选择要引用该母版的页面并设置母版位置。如果位置为"锁定为母版中的位置"，则母版在页面中的位置与在母版状态下放置的位置一致且不可改变。如果位置为"指定新的位置"，则母版在页面中的位置为指定的坐标值且可以被拖动。

• 选择需要使用母版的页面，将母版拖动到页面中即可。

2．拖放行为

母版的拖放行为有三种：

• 任意位置（Place Anywhere）：表示该母版可以通过拖动或坐标变换放置在页面的任何一个位置。一般用页面通用的控件，如底部的版权信息等。

• 固定位置（Lock to Master Location）：表示页面使用该母版时的位置与在母版状态下放置的位置一样，不可改变。一般用于页面固定框架，如顶部导航栏等。

• 脱离母版（Break Away）：表示页面使用该母版时即刻与母版脱离，修改内容不会影响其他使用该母版的页面。一般用于内容变化较多、比较独立的模块，如列表。

3．修改母版内容

在母版模块双击需要修改的母版，进入母版修改内容。

　　如果选择的拖放行为为任意位置（Place Anywhere）或固定位置（Lock to Master Location），则修改完成后所有使用该母版的页面均会修改。

3.5　案例演练

　　分析"KF 网"，网站首页、栏目页和正文页的底部，内容是一致的，我们可以将底部制作成母版。

　　操作步骤如下：

1．打开项目

打开项目文件"KF 网.rp"。

2．新建母版

- 在母版模块点击右上角的"添加母版"按钮，模块内出现新母版，修改母版名称为"foot"。
- 双击"foot"母版，打开该母版进行设计。

3．设计底部母版

- 从元件库分别拖入一级标题、三级标题和水平线，修改标题的文本内容，如图 3-33 所示。
- 框选以上元件，点击上方样式面板的"下"，使之底部对齐，点击"水平"分布，使其在画布上平均排列。
- 从元件库拖入义本段落，修改义本内容。
- 修改文本段落样式：字号为 12px，行距为 24px，调整文本段落的宽度。如图 3-33 所示。

图 3-33 "foot" 母版

4．引用母版

在母版模块右键单击"foot"母版，选择"添加到页面中"，在"添加母版到页面中"对话框中，选择要引用该母版的页面，并设置母版位置为"指定新的位置"，如图 3-34 所示。

图 3-34　添加"foot"母版到页面中

此时，在 KF 网的首页和各栏目页，都添加了"foot"母版，且母版位置可以根据各页面的实际长度再拖动。

本章总结

本章介绍了元件和母版的基本操作，并通过制作网站页面顶部和顶部母版，实践训练这些文本元件和母版的使用方法。

第 4 章　Axure RP 9 形状、图片和表单类元件

表单类元件

▰ 本章导读

　　形状和图片能将信息传达得更具体、更真实、更直接和易于理解，从而高效率、高质量地表达设计理念，使页面充满强烈的感情色彩。在页面中合理地应用形状和图片，能够形成视觉信息的中心，有利于重要信息的传达。

　　在页面中经常应用表单元件来收集用记的一些信息。

　　本章将介绍 Axure 的形状、图片和表单元件。

▰ 学习目标

➢ 掌握常用的形状、图片和表单类元件的使用。
➢ 掌握形状、图片元件的基本操作。

▰ 知识要点

➢ 默认元件库的“基本元件”中各种框、按钮、标题、占位符、标签和段落以及图标元件库中可用的图标，都是形状元件。
➢ 使用图片元件将静态图像或动画 GIF 添加到画布中的方法。
➢ 图片元件支持.JPG、.PNG、.GIF、.BMP 和.SVG 格式的文件。
➢ 表单元件包括文本框、多行文本框、下拉列表、列表框、单选按钮和复选按钮。

4.1　形状元件

　　默认元件库的“基本元件”中的各种框、按钮、标题、占位符、文本标签和段落，以及图标元件库中可用的图标都是形状元件，我们也可以用钢笔工具绘制形状元件。

4.1.1　添加形状元件

　　在画布上添加形状元件的方法有：

1．从元件库面板拖入形状元件

Axure RP 带有各种现成的形状，我们可以从"元件库"面板中选择形状后，直接将其拖放到画布上。

2．通过"插入"菜单添加形状元件

在顶部功能菜单中，选择"插入（Insert）"，选择一个形状，然后在画布上单击并拖动绘制相应大小的形状元件。在拖动时按住 Shift 可以等比例尺寸绘制，如图 4-1 所示。

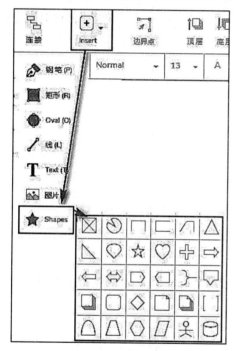

图 4-1　插入形状

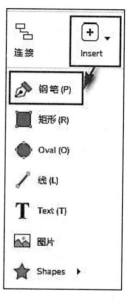

图 4-2　钢笔工具

3．使用钢笔工具绘制元件

自己可以使用钢笔工具来绘制矢量形状，点击顶部功能菜单中"插入（Insert）"→"钢笔"工具绘制，如图 4-2 所示。

钢笔工具的基本操作如下：

- 单击画布，添加新的矢量点；
- 单击并拖动，添加弯曲点；
- 拖动时按住 Shift 键，自动将曲线手柄与 X 轴或 Y 轴对齐；
- 拖动时按住 Alt 键，相互独立移动拖动手柄；
- 单击第一个点关闭路径或双击画布，完成形状的绘制。

4.1.2　编辑形状

1．更换形状

选中形状，单击右键，在菜单中选择"选择形状（Select shape）"，从显示的形状列表中找到目标形状，可以将选中的形状元件更改为目标形状，如图 4-3 所示。

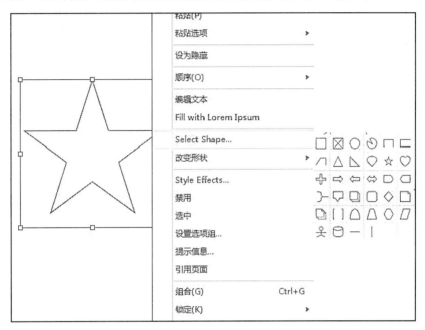

图 4-3　选择形状

2．编辑矢量点

添加形状元件后，可以通过编辑其矢量点进一步对其进行调整。首先选择画布上的元件，双击其边框，或单击右键选择"改变形状"→"编辑点"，进入形状矢量点编辑模式。

- 添加矢量点：单击边框，将在该处新增一个新的矢量点。
- 删除矢量点：选择该矢量点，然后按 Delete 键，或单击右键并选择"删除"。
- 曲线/直线：选择矢量点，单击右键，在菜单中选择"曲线"或"直线"，可以将该矢量点连接的线弯曲或拉直，如图 4-4 所示。

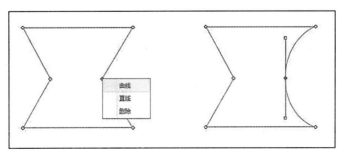

图 4-4　设置曲线

3．改变形状

选择一个或多个形状元件，单击右键，选择"改变形状"，可以将多种变换应用于选定的形状元件。

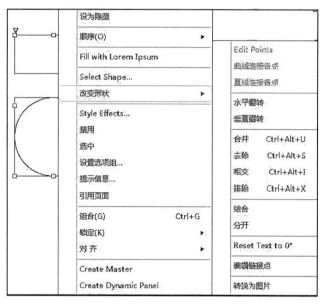

图 4-5　改变形状

水平/垂直翻转：沿 Y 轴（水平）或 X 轴（垂直）翻转形状。

合并：将多个形状合并为一个。

去除：从另一个形状中减去一个或多个形状。根据"概要"面板中元件的层次顺序，将从底层的形状中减去前面的形状，如图 4-6 所示。

相交：仅保留两个或多个形状的相交部分，如图 4-7 所示。

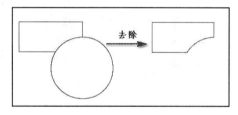

图 4-6　去除形状

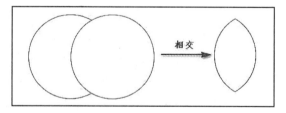

图 4-7　两个椭圆形状相交

排除：消除重叠区域，并将每个形状的其余部分保留为单独的一个形状，如图 4-8 所示。

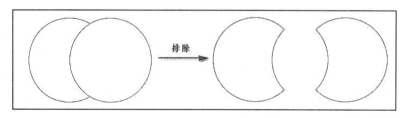

图 4-8　两个椭圆形状排除后分开

结合：将两个或多个形状合并为一个形状，但保留每个形状的原始路径。

分开：将先前组合的形状分解为单独的形状。

直线/曲线连接各点：将选定形状中连接所有矢量点的线弯曲或拉直，如图 4-9 所示。

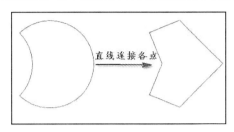

图 4-9　直线连接各点

4.2　图片元件

使用图片元件可以将静态图像或 GIF 动画添加到画布中，图片元件支持 JPG、PNG、GIF 和 SVG 格式等的文件。

4.2.1　添加图片

将一个空白图片元件从"元件库"面板中拖到画布上。然后，双击元件或单击右键并选择"导入图片"，在操作系统的文件浏览器中选择图片。另外，也可以直接将本地照片拖入软件页面中，如图 4-10 所示。

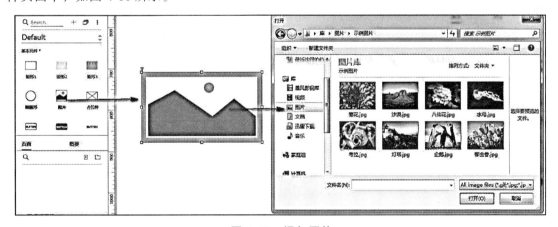

图 4-10　添加图片

4.2.2　分割图片

选中图片元件后，单击右键，在菜单中选择"分割图片"，图片将被分成多个部分。使用分割工具时右上角会出现三种分割方式：十字形切割、水平切割或垂直切割。如图 4-11 所示，选中"十"字，那么画布中则展示为十字形切割。

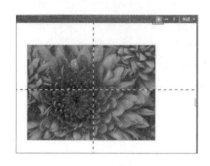

图 4-11　切割图片

4.2.3　裁剪图片

选中图片元件后，单击右键，在弹出的右键菜单中找到"裁剪图片"。选择裁剪工具后右上角会出现 3 个选项：裁剪、剪切、复制。

裁切：删除选择框以外的图片部分；

剪切：删除选择框中的图片部分，并将其复制到剪贴板；

复制：复制选择框中的图片部分到剪贴板，原始图片保持不变。

这三个选项的效果如图 4-12 所示。

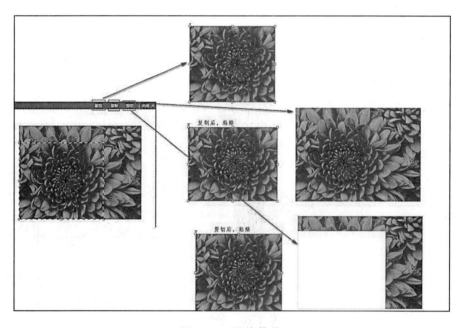

图 4-12　图片裁剪

4.2.4　变换图片

翻转图片：选择图片，单击右键，选择"变换图片（Transform Image）"→"水平翻转"或"垂直翻转"，可以翻转图片。

　　优化图片：图片像素太大会增加 RP 原型文件的大小，优化图片可以减小图片文件的大小，从而精简 RP 文件。单击右键，在菜单中选择"变换图像"→"优化图像"来优化 RP 文件中已有的图像。将大图片导入 Axure RP 9 时，系统一般也会询问您是否要对其进行优化。注意，优化图片将牺牲图片质量。

　　固定边角范围：如果图片设置了圆角，当调整图片大小时，图片的圆角有时候会变形。我们可以使用固定边角范围来保留圆角范围。右键单击图片元件，在菜单中选择"变换图片"→"固定边角范围"，将在图片的顶部和左侧出现三角形手柄，指示图片的这部分区域将不会被调整大小。我们可以拖动三角形手柄来调整保留区域的大小，如图 4-13 所示。

图 4-13　变换图片

4.3　表单元件

　　表单元件是用来获取用户输入数据的元件，在网页中负责数据采集的功能。

　　表单元件主要包括文本框、多行文本框、单选按钮、复选框、下拉列表框、列表框，如图 4-14 所示。

图 4-14　表单元件

图 4-15　文本框与多行文本框

4.3.1　文本框、多行文本框

　　文本框和多行文本框用于获取用户输入的文字内容，如图 4-15 所示。

当期望用户输入简短（单行）的表单字段时（例如用户名、密码或搜索），一般使用文本框元件。

当期望用户输入较长（多行）的表单字段时（例如意见等），一般使用多行文本框元件。

1．类型

Axure 为文本框元件提供不同的输入类型，以提供不同的功能。

点击"交互"窗口中的"提示"（hint）→"提示属性"（hint properties），在"类型"下拉列表中选择文本框的输入类型，如图 4-16 所示。

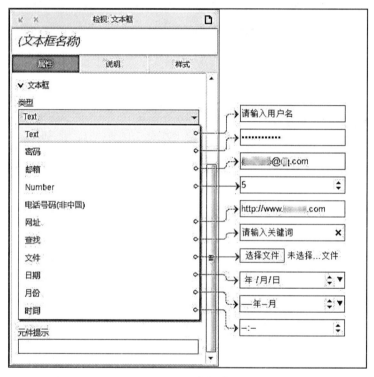

图 4-16　文本框类型

文本框的类型包括：

- 文字（Text）：用于常规文字的输入，为默认类型。
- 密码：用户输入的文字被屏蔽。
- 电子邮箱（E-mail）：用于 E-mail 地址的输入。在提交表单时，会自动验证 E-mail 的值。
- 数字：仅接受数字输入，可能会在移动设备上提示数字键盘。
- 电话号码：可能会在移动设备上提示拨号盘。
- 网址：用于包含 URL 地址的输入，在提交表单时，会自动验证 URL 域的值。
- 查找：用于搜索字段的输入，比如站点搜索或百度搜索等。
- 文件：将文本字段更改为 Web 浏览器中的文件上传按钮，单击该按钮将打开文件浏览器。

- 日期：浏览器会提示日期（年/月/日）选择。
- 月份：浏览器会提示月份（----年--月）选择。
- 时间：浏览器会提示时间（--时--分）选择。

2．提示文字

设置文本框内默认的提示内容。

点击"交互"窗口中的"提示"（hint）→"提示属性"（hint properties），在"提示文字"字段将提示内容添加到文本框。提示文字将出现在文本字框中，如图 4-17 所示。

可以选择在文本框获取焦点之后或用户开始输入之后隐藏该提示文字。

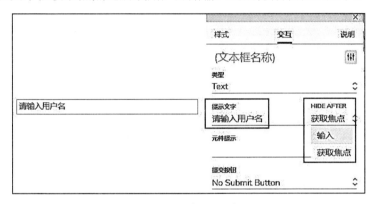

图 4-17　提示文字

3．最大长度

限定文本框可以输入的最大长度。

在"交互"窗口中的"提示"（hint）→"提示属性"（hint properties）→"最大长度"中设置，一旦达到最大长度，文本框将停止接收输入。

4．禁用

禁用文本框，用户在 Web 浏览器中将不能进行文本输入，并且会应用元件的"禁用"样式效果，显示为灰色。

要禁用文本框，请选中"交互"窗口中的"提示"（hint）→"提示属性"（hint properties）→"禁用"复选框。

5．只读

当将文本框设置为"只读"时，可以在 Web 浏览器中看到和选择文本框里已经存在的文本，但是用户无法更改。

要将文本字段/区域设置为只读，请选中"交互"窗口中的"提示"（hint）→"提示属性"（hint properties）→"只读"复选框。

4.3.2　单选按钮

单选按钮用于让用户从多个选项中选择一个选项，如性别、最高学历等。单选按钮具有选中与未选中两种状态，如图 4-18 所示。

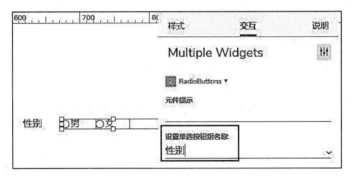

图 4-18　单选按钮组

一般在使用中，同一组的多个单选按钮属于互斥关系，只允许用户选择其一：即选择某一单选按钮将自动取消选择同一组中先前选择的其他单选按钮。

在 Axure RP 9 中，"单选按钮组"的操作有如下几种：

• 创建单选按钮组：在画布上或"概要"面板中选择同一组的一个或多个单选按钮元件，在"交互"面板中，在"设置单选按钮名称"字段中输入名称。

• 加入单选按钮组：选择要加入组的单选按钮，然后在"设置单选按钮名称"下拉列表中选择单选按钮组名称，将其添加到单选按钮组。

• 从单选按钮组中删除单选按钮：选择单选按钮，并清除"设置单选按钮名称"字段。

4.3.3　复选框

复选框用于一个或多个选项的选择，具有选中与未选中两种状态，一般表示用户可自由选择或者取消选择。

复选框的应用场景如注册、订阅、关注、兴趣选择或选修课程等，如图 4-19 所示。

图 4-19　复选框

4.3.4　下拉列表框、列表框

有时候选项比较多时，如所在省份的选择，用单选按钮或复选框列出全部选项会显得页面拥挤和凌乱，这个时候我们一般用下拉列表框或列表框，如图 4-20 所示。

下拉列表框用于获取用户选择的单个选项。

列表框直接呈现选项的选择框，可以支持单选或多选。

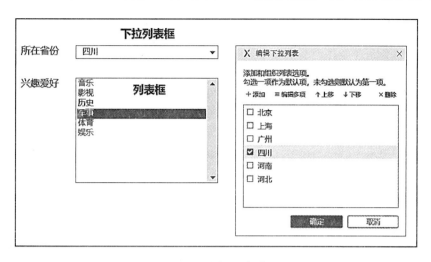

图 4-20　编辑列表选项

双击画布上或"概要"面板中的下拉列表框（列表框）元件，打开"编辑列表选项"对话框，下拉列表框和列表框的选项基本操作如下：

添加下拉列表中的选项：单击"添加"，在出现的新选项上输入文本，将单个选项添加到下拉列表，或单击"编辑多项"，一次将多个新选项（一行一个）添加到下拉列表。

重新排序下拉列表选项：选中选项，点击对话框顶部的"向上"和"向下"按钮。

删除选项：选中选项，并单击"删除"，或单击"编辑多项"并清除文本区域，将一次删除多个选项。

设置默认选项：通常，下拉列表中的第一个选项将显示为默认选项。如果希望使用下拉列表其他选项作为默认选项，可以在"编辑列表选项"对话框中勾选该选项旁边的框，这样，选中的选项将成为默认选项。

4.3.5　按钮

在网页后端开发中，按钮元件被点击时，能够将用户填写完成的表单数据提交到服务器。Axure 中提供的按钮有按钮、主要按钮和链接按钮，如图 4-21 所示。

在原型制作中不涉及与服务器的交互，所以我们也可以用基本元件中的形状或图片来代替按钮。

图 4-21　按钮元件

4.4　案例演练：仿百度注册界面原型设计

操作步骤如下：

1．新建项目

- 新建项目，另存为"百度.rp"；
- 重命名页面"page1"为"注册"。

2．在页面中拖入文本元件

依次拖入一级标题和文本标签，双击画布上的元件，修改元件文字，如图 4-22 所示。

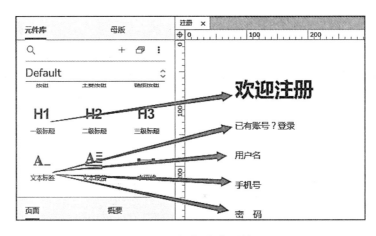

图 4-22　添加文本元件

3．设置文本样式、对齐和分布

- 框选所有文本元件，点击上方样式面板的"左"对齐和"垂直"分布，使其在画布上平均排列。
- 选择文本"登录"，设置文本颜色为蓝色，如图 4-23 所示。

4．拖入文本框元件

- 从上面标尺拖入 3 条水平页面辅助线，分别到"用户名""手机号""密码"文本元件处；
- 从左边标尺拖入一条垂直页面辅助线，距离文本元件 20px；
- 勾选"视图"→"标尺，网格和辅助线"→"对齐辅助线"命令；
- 从表单元件列表中，拖入 3 个文本框元件到相应位置，如图 4-24 所示。

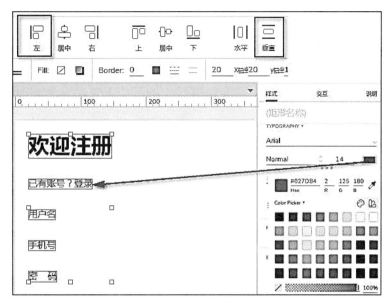

图 4-23　设置对齐、分布

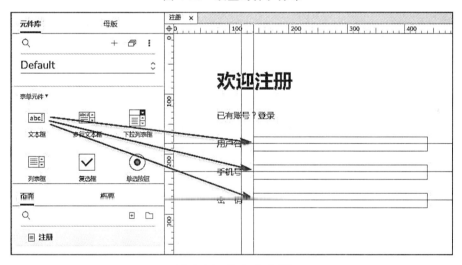

图 4-24　拖入文本框

5. 设置文本框的提示属性

- 点开"交互"面板的提示属性，设置用户名文本框的类型为"文本"，提示文字为"请设置用户名"，并设置"获取焦点"之后隐藏该提示文字；
- 设置手机号文本框的类型为"电话号码"，提示文字为"可用于登录和找回密码"，并设置"获取焦点"之后隐藏该提示文字；
- 设置密码文本框的类型为"密码"，提示文字为"请设置登录密码"，并设置"获取焦点"之后隐藏该提示文字，如图 4-25 所示。

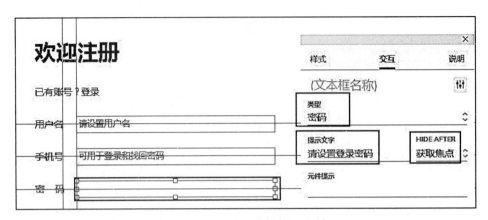

图 4-25　设置文本框提示属性

6．拖入按钮元件

- 拖入 1 个主要按钮到页面相应位置；
- 双击按钮元件，修改按钮上的文字为"注册"；
- 选择按钮上的文本，修改样式为：微软雅黑、加粗、16px；
- 修改按钮的填充颜色为浅蓝色；
- 修改按钮的圆角为 20px，如图 4-26 所示。

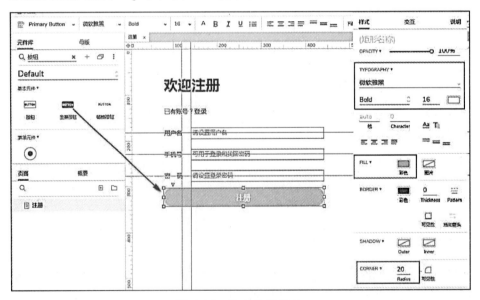

图 4-26　拖入按钮元件

7．拖入复选框

- 从表单元件列表中拖入 1 个复选框到页面相应位置，并修改文字。
- 修改文字的颜色，如图 4-27 所示。

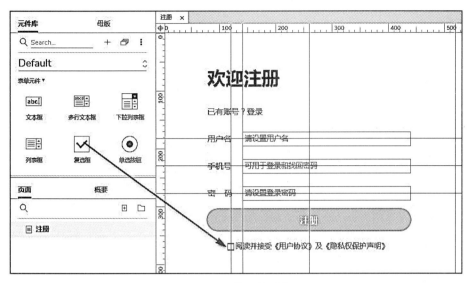

图 4-27　拖入复选框

8．设置页面样式

• 点击画布的空白处，在"样式"面板中，设置"页面对齐（Page Align）"方式为"居中"；

• 设置"填充（Fill）"为"图片"，点击"选择"打开文件浏览器，导入背景图片，如图 4-28 所示。

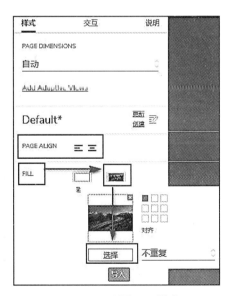

图 4-28　设置页面样式

9．添加矩形

• 从元件库拖入矩形元件到注册表单的位置，拖动边框的小方块调整矩形至合适尺寸；

- 选中矩形，单击右键，选择"顺序"→"置于底层"，将矩形置于表单底部；
- 选中矩形，在"样式"面板中，设置"填充"颜色为白色，透明度为 90%，圆角为 12px，如图 4-29 所示。

图 4-29　设置矩形样式

10．添加图片

从元件库拖入图片元件，双击图片元件，打开本地文件浏览器，选择百度 LOGO 图片导入。

11．预览设置

点击快捷功能中的"预览"按钮可以预览页面效果。

预览可以选择不同的设置，在"发布（Publish）"菜单中的"预览选项"里设置预览的浏览器等，如图 4-30 所示。

图 4-30　预览选项

12．预览效果

点击快捷功能中的"预览"按钮可以预览页面效果，如图 4-31 所示。

图 4-31　仿百度注册页面

本章总结

本章介绍了形状元件、图片元件和表单元件，并通过仿百度注册页面的制作，实践训练
这些元件的使用方法。

第 5 章   Axure RP 9 交互基础

▰ 本章导读

在移动产品中，用户主要通过与产品的交互来强化体验的感觉，从而决定是否使用这个产品。本章主要介绍交互的三要素——事件、用例和动作，并通过完善百度注册页面的制作，实践训练交互的使用方法。

▰ 学习目标

➢ 理解交互的过程；
➢ 理解并掌握事件、用例和动作三者的关系。

▰ 知识要点

在 Axure 中创建交互包含三个部分：
➢ 元件和页面事件；
➢ 添加到事件中的用例；
➢ 添加到用例中的动作。

5.1   事件

事件是特定页面或元件行为的触发器。所谓"事件"，即"发生了什么事"，我们可以理解成"什么时候"。从交互的角度来说，"什么时候"又可以分为：页面事件（如当页面加载时）和元件事件（如当鼠标单击该元件时）。

查看或添加事件：单击页面或元件，在"交互"面板中单击" 新建交互"，在列表中选择一个事件然后配置其交互。

删除事件：在"交互"面板中选择事件，然后按"Delete"键将其删除。

5.1.1   页面事件

交互中页面事件主要包括：页面载入时、窗口尺寸改变时、窗口滚动时等，如图 5-1 所示。

5.1.2   元件事件

元件事件根据不同的元件，可用的事件稍有区别。如图片及形状类元件的事件包括鼠标单击时、鼠标移入时、鼠标移出时、改变尺寸时等；动态面板元件的事件包括显示时、隐藏时、状态改变时、拖动改变时、载入时、滚动时等；文本框元件的事件包括文字改变时、获取焦点时、失去焦点时等，如图 5-2 所示。

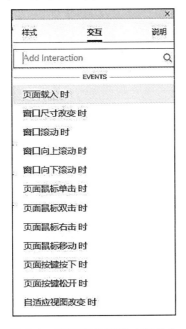

图 5-1　页面事件列表（部分）

图 5-2　动态面板元件事件

5.2　用例

用例是响应页面或元件事件而在 Web 浏览器中发生的动作的逻辑条件。逻辑条件的设置可以没有，也可以有多个。

- 添加用例：单击事件名称，选择"启用用例"/"添加用例"。
- 删除用例：在"交互"面板中选中用例，然后按"Delete"键将其删除。

逻辑条件是一个规则系统，指定 Web 浏览器可进行交互的条件。我们可以将逻辑条件理解为"如果……则……"关系：如果满足条件，则执行动作。例如，我们可以规定，仅当用户填写了表单中的所有必填字段时，单击按钮才能进到下一页。

1．添加条件（If……）

将鼠标悬停在事件名称上，然后点击"启用用例"（Enable Cases）。在出现的"条件设立"对话框中，单击"添加逻辑（Add Logic）"。

在"条件设立"中，每一行配置一个条件语句，用来判断逻辑的结果为 true 或 false。如：当文本框的输入文本长度等于 0 时，此条件语句的值为 true，如图 5-3 所示。

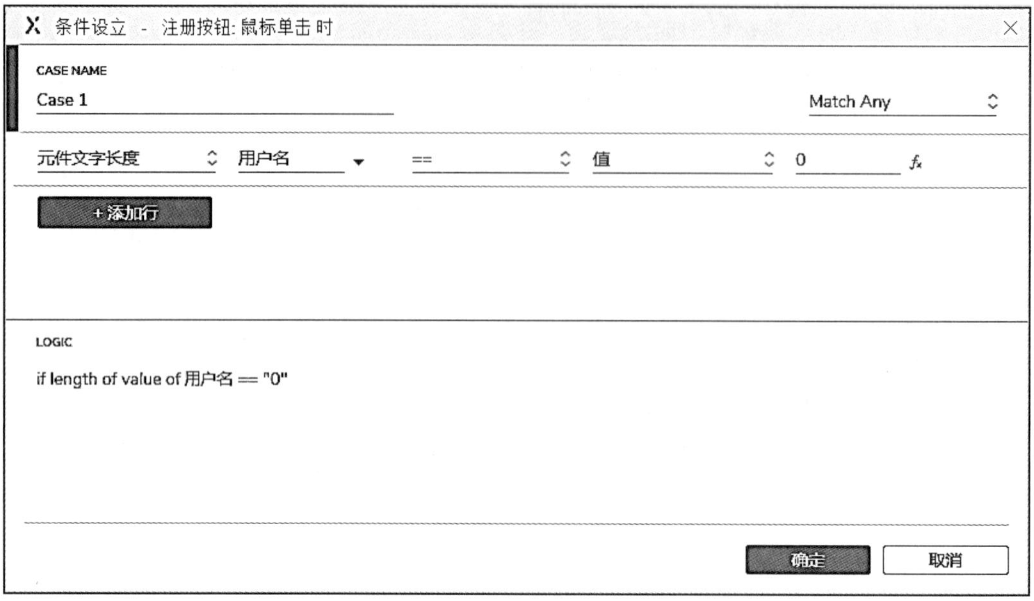

图 5-3　添加条件

2．满足"全部"或"任一"条件（If……and……/If……or……）

当设置多个条件语句时，我们可以设置用例是要求所有条件语句的值为真（同时满足 Match All），还是只要其中任何一个语句的值为真（任一满足 Match Any）。如图 5-4 所示，当用户名文本框的文字为"夸父网"并且密码文本框的文字为"123456"时，满足条件，则选择"同时满足（Match All）"。

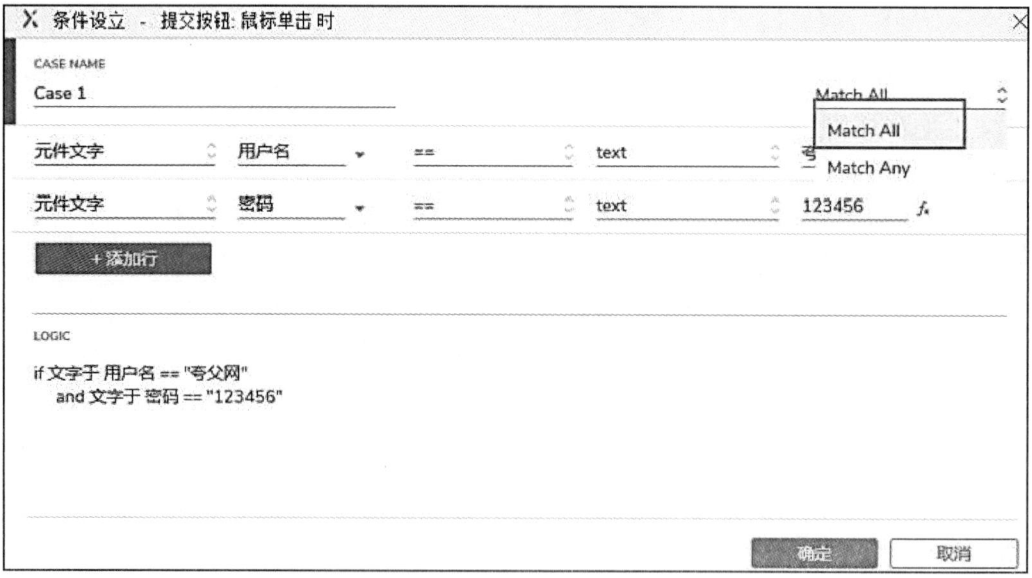

图 5-4　多个条件语句的设立

3．多个用例（If……Else If……）

当一个交互需要多次判断时，我们可以给一个事件添加多个用例，使用"添加用例"来实现"If…… Else If……"逻辑判断。

"If…… Else If……"逻辑条件按用例顺序进行判断且相互依赖。仅当先前条件"If……"的值为 false 时，才会判断"Else If……"的值。一旦条件判断值为"true"时，将停止判断后续用例。例如，判断用例 1 的条件：用户名文本框的文字为"夸父网"并且密码文本框的文字为"123456"，如果结果为"true"，满足条件，则停止判断后续用例，直接执行动作（打开链接"注册成功"页面）；否则，再继续判断用例 2 的条件：用户名文本框的文字为"文传"并且密码文本框的文字为"888888"的结果是否为"true"，满足条件则执行动作（打开链接"注册成功"页面）；如果所有用例都不满足条件，则不执行动作，如图 5-5 所示。

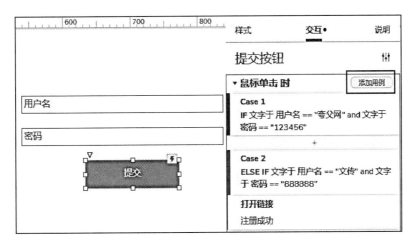

图 5-5　给事件添加多个用例

5.3　动作

动作是响应页面或元件事件触发而在 Web 浏览器中发生的更改。例如，如果单击一个按钮导航到原型中的其他页面，则响应该按钮的"鼠标单击时"事件，发生了" 打开链接"动作。

添加动作：在"新建互动"菜单中选择一个事件时，将显示可用动作的列表，选择动作后进行配置。

要向用例中添加更多动作，请单击用例底部的"+"添加动作。

删除动作：在"交互"面板中选择动作，然后按"Delete"键将其删除。

排序动作：当在 Web 浏览器中浏览时，动作从上到下按顺序进行。可以通过上下拖动来重新对动作排序。

Axure RP 9 提供的动作有链接动作类、元件动作类、中继器类和其他，如图 5-6 所示。

图 5-6　Axure RP 9 的动作

1. 链接动作

打开链接：在当前窗口/新窗口/弹出窗口/父级窗口中打开原型页面或外部 URL；

关闭窗口：关闭当前浏览器窗口或标签页；

在框架中打开链接：更改框架元件中加载的页面。

2. 元件动作

显示/隐藏：更改元件的可见性；

设置面板状态：更改动态面板的可见状态；

设置文本：更改元件上的文本；

设置图片：更改图片元件上的图片文件；

设置选中：更改元件的选中状态；

设置列表选中项：更改下拉列表或列表框的选定项；

启用/禁用：启用或禁用元件，禁用的元件无法在 Web 浏览器中进行交互；

移动：将元件移动到页面上的新位置；

旋转：围绕所选锚点旋转元件；

设置尺寸：更改元件的大小；

置于顶层/底层：将元件按层叠顺序移到最前面或最后一层；

设置不透明度：更改元件的不透明度；

获取焦点：如将文本光标移至文本框元件，或突出显示可单击的元件；

展开/折叠树节点：展开或折叠树元件的选定节点。

3．中继器动作

添加排序：使用指定的排序条件对中继器数据集进行排序；

移除排序：从中继器删除排序；

添加筛选：使用指定的条件筛选中继器数据集；

移除筛选：从中继器中删除筛选；

设置当前显示页面：显示分页中继器的特定页面；

设置每页项目数量：设置分页中继器每页显示的项目数；

添加行：将新行添加到中继器的数据集中；

标记行：标记中继器数据集中符合指定条件的行；

取消标记行：取消标记中继器数据集中符合指定条件的行；

更新行：更新中继器数据集中的现有数据；

删除行：从中继器的数据集中删除行。

4．其他动作

设置自适应视图：更改在 Web 浏览器中显示的自适应视图；

设置变量值：设置全局变量的值；

等待：在执行任何后续操作之前，暂停指定时间（以毫秒为单位）；

触发事件：在页面、母版或元件上触发指定事件。

5.4　案例演练：完善百度注册界面中的简单交互功能

5.4.1　案例描述

（1）当鼠标悬停用户名、手机号、密码文本框或获取焦点时，边框颜色改变；

（2）当"用户名"文本框获取焦点时，显示提示信息，失去焦点时，隐藏提示信息；

（3）当鼠标单击"注册"按钮时，如果用户名、手机号、密码文本框为空，则提示"不能为空"。

（4）当鼠标单击"注册"按钮时，如果为选中"阅读同意协议"，则提示"请阅读并同意用户协议"。

（5）当鼠标单击"注册"按钮时，如果文本框不为空且同意协议，则打开链接"首页"页面。

5.4.2　操作步骤

1．打开项目

打开项目"百度.rp"→新建页面"首页"→打开页面"注册"。

2．设置文本框样式

- 分别给 3 个文本框命名：用户名、手机号和密码。
- 分别设置 3 个文本框的样式：宽度 300px，高度 40px；边框颜色为浅灰色（#D7D7D7），1px；圆角为 5px。如图 5-7 所示。

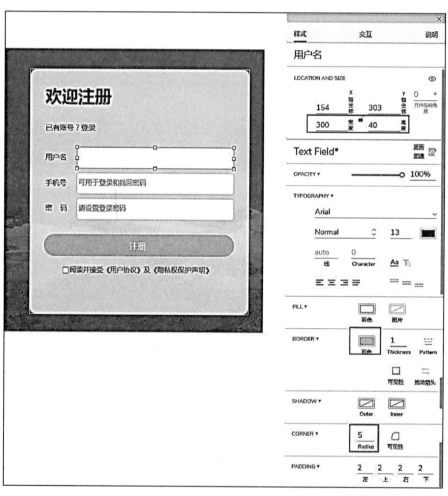

图 5-7　设置文本框样式

3．设置文本框交互样式

分别右键单击 3 个文本框，选择"交互样式（Style Effects…）"，在"交互样式"对话框设置鼠标悬停效果：线框颜色为浅蓝色（#81D3F8）；聚焦（Focused）效果：线框颜色为蓝色（#02A7F0）。如图 5-8 所示。

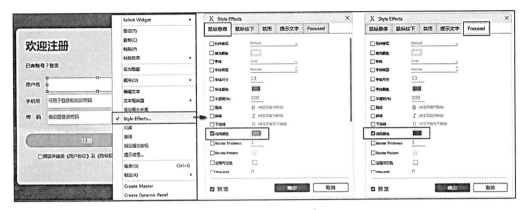

图 5-8　设置文本框边框样式效果

4．添加用户名提示信息

• 拖入一个矩形到页面上用户名文本框上方，编辑文本内容为：设置后不可更改，最长 14 个英文或 7 个汉字。

• 选中矩形，修改名称为"用户名提示"；可见性设置为"隐藏"。

• 选中用户名提示矩形，设置样式：宽 280px，高 35px；文字颜色为"白色"；填充颜色为"黑色"；圆角为"5px"。如图 5-9 所示。

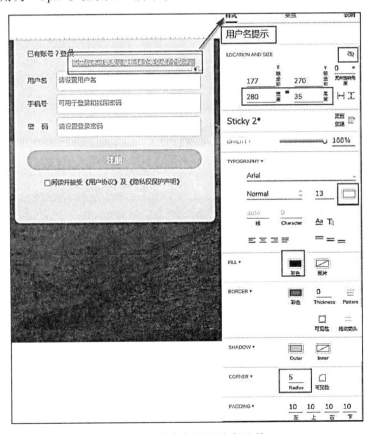

图 5-9　用户名提示信息元件

5．设置用户名文本框获取焦点时，显示提示信息

- 选中用户名文本框，打开"交互"面板。
- 设置提示属性（hint properties），最大长度为 14。
- 点击"新建交互"，添加事件"获取焦点时"，选择动作"显示/隐藏"，选择元件"用户名提示"显示，确定。
- 点击"新建交互"，添加事件"失去焦点时"，选择动作"显示/隐藏"，选择元件"用户名提示"隐藏，确定，如图 5-10 所示。

图 5-10　用户名文本框交互设计

6．添加注册提示信息

- 拖入一个文本标签到页面上注册按钮下方，删除默认文本内容。
- 设置文本标签样式：名称为"注册提示"；宽度为 360px，高度为 20px；水平对齐方式为居中；文字颜色为红色。如图 5-11 所示。

7．点击"注册"按钮时，验证文本框内容是否为空

- 选中"注册"按钮，打开"交互"面板。
- 点击"新建交互"，添加事件"鼠标单击时"。
- 添加用例。将鼠标悬停在"鼠标单击时"事件名称上，然后点击"启用用例"（Enable Cases）。在弹出的"条件设立"对话框中，单击"添加逻辑（Add Logic）"：如果"用户名"文本框元件文字长度等于 0；或者，如果"手机号"文本框元件文字长度等于 0；或者，如果"密码"文本框元件文字长度等于 0。如图 5-12 所示。

图 5-11　注册提示文本标签

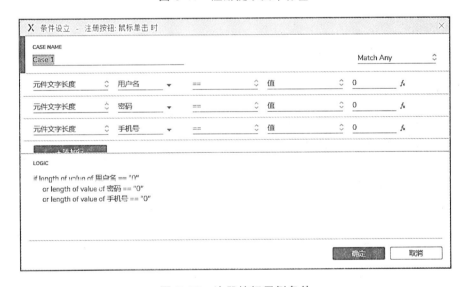

图 5-12　注册按钮用例条件

• 添加动作"设置文本"："注册提示"文本标签的内容为"用户名、手机号、密码不能为空"，如图 5-13 所示。

8. 验证用户阅读并接受用户协议

• 给"鼠标单击时"事件"添加用例"，设立条件：如果阅读同意协议复选框的选中状态为真。
• 添加动作："注册提示"文本标签的内容为"请阅读并同意用户协议"。

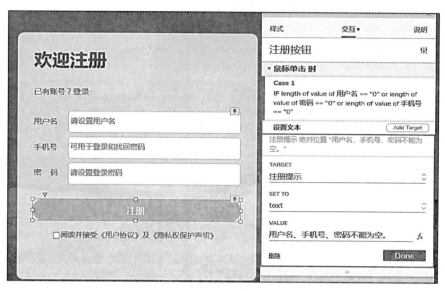

图 5-13　配置动作参数

9. 信息填写完整，打开链接

• 给"鼠标单击时"事件"添加用例"，设立条件：如果"用户名"文本框元件文字长度不等于 0；并且"手机号"文本框元件文字长度不等于 0；并且如果"密码"文本框元件文字长度不等于 0。

• 添加动作：打开链接→"首页"页面，如图 5-14 所示。

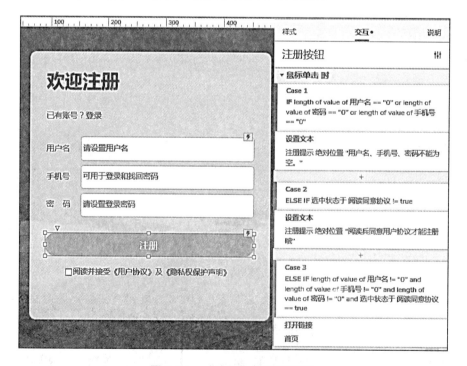

图 5-14　"注册"按钮的交互

10．预览页面

最终在浏览器的预览效果如图 5-15 所示。

图 5-15　仿百度注册页效果

■■ **本章总结**

本章介绍了交互的三要素：事件、用例和动作，并通过完善百度注册页面的制作，实践训练交互的使用方法。

第 6 章　Axure RP 9 动态面板

动态面板是 Axure RP 9 中较为重要的元件，大多数复杂的交互效果都可能要用到动态面板来完成。本章将介绍动态面板的组成以及常用事件和动作的使用方法。

➢ 熟练掌握创建动态面板的方法；
➢ 熟练掌握动态面板的常用事件和动作；
➢ 熟练掌握用动态面板制作各种复杂的交互效果。

➢ 动态面板的组成；
➢ 动态面板的滑动事件的应用；
➢ 设置动态面板的状态；
➢ 设置动态面板的动作。

6.1　动态面板简介

6.1.1　初识动态面板

动态面板是一个容器，专门用来设计动态原型功能的组件，每个动态面板可以包含一个或多个状态，每个状态本身是一个页面，通过控制状态的显示顺序或隐藏/显示动态面板来达成交互界面的效果。像其他组件一样，动态面板可以直接通过拖拽的方式从组件选择面板加入画布中，可以通过设置动态面板在不同状态间切换来实现复杂功能，比如弹出框、下拉菜单、轮播等。

动态面板和其他普通元件一样都位于【元件库】面板中，在【默认元件库】栏中可以看到它，如图 6-1 所示。

也可以像调整其他元件那样，改变动态面板的大小和位置，但是无法改变它的角度，也就是说，动态面板无法被旋转。

图 6-1　动态面板元件

6.1.2 设置动态面板的样式

在页面中选择动态面板元件后，【样式】面板中显示动态面板的参数，如图 6-2 所示。其中，动态面板中的"位置和尺寸"参数与其他元件的相关参数相同。

图 6-2 【样式】面板

6.1.3 管理动态面板

管理动态面板是通过【动态面板状态管理】对话框实现的，打开该对话框有 3 种方法：

（1）双击页面中的动态面板元件；

（2）在页面的动态面板元件上右击，从弹出的快捷菜单中执行【管理面板状态】命令；

（3）在【大纲】面板中，双击动态面板元件或者也右击它，从弹出的快捷菜单中执行【管理面板状态】命令。

在打开的【动态面板状态管理】对话框中，可以添加、删除、上移、下移状态，也可以编辑状态内容等。

1．添加状态

默认状态下，双击页面中的"动态面板元件"，已经存在一个状态了，动态面板进入状态编辑模式，单击顶部工具栏中的【状态 1】按钮，即可添加新的状态，如图 6-3 所示。

也可以通过下列两种方法添加新状态：在【概要】面板中右击动态面板元件，从弹出的快捷菜单中执行【添加状态】；或直接单击【概要】面板右侧的【添加状态】按钮。

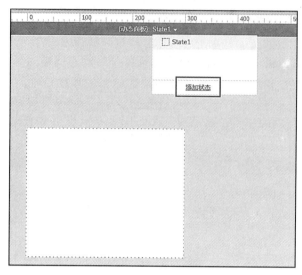

图 6-3　添加新状态

2．重命名状态

在【动态面板编辑区】中或者【概要】面板中，选择一个状态后，单击该状态便可输入新的名称了。

3．隐藏状态面板

当页面上的动态面板过多时，可以随时将其隐藏。在【概要】面板中单击动态面板最右侧的【在视图中显示】按钮，即可隐藏动态面板，如图 6-4 所示。

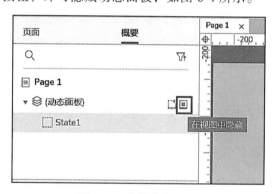

图 6-4　隐藏动态面板

4．删除状态

删除状态可以使用以下 2 种方法：

（1）通过【动态面板编辑区】中删除状态。

在【动态面板编辑区】中选择一个状态后，点击每个状态右侧的【删除状态】按钮，如图 6-5 所示。

（2）通过【概要】面板删除状态。

在【概要】面板中，右击要删除的状态，从弹出的快捷菜单中执行【删除】命令，或者直接选择要删除的状态，然后按【Delete】键。

图 6-5 删除状态按钮

5．移动状态

移动状态顺序可以使用以下 2 种方法：

（1）通过【动态面板编辑区】排列状态顺序。

在【动态面板编辑区】中选择要改变顺序的状态，然后单击顶部工具栏中的【上移】和【下移】按钮。

（2）通过【概要】面板排列状态顺序。

在【概要】面板中右击要移动的状态，从弹出的快捷菜单中执行【上移】和【下移】命令，或直接选择要移动的状态，然后按下左键向上或者向下拖动。

6．复制状态

复制状态可以使用以下 2 种方法：

（1）通过【动态面板编辑区】复制状态。

先选择要复制的状态，然后单击顶部的【重复状态】按钮，如图 6-6 所示。

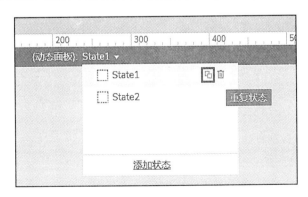

图 6-6 复制状态按钮

（2）通过【概要】面板复制状态。

在【概要】面板中右击要复制的状态，从弹出的快捷菜单中执行【重复状态】命令，或者选择的状态后，单击【重复状态】按钮。

7．编辑状态内容

编辑状态中的内容可以通过以下 2 种方法：

（1）通过【动态面板编辑区】编辑状态。

在该编辑区中，可以编辑选中的状态，也可以一次性打开所有的状态进行编辑，如图 6-7 所示。

（2）通过【概要】面板编辑状态。

在【概要】面板中右击要编辑的状态，可以直接双击要编辑状态。

图 6-7　编辑状态

进入状态的编辑模式后，每个状态其实就是一个页面，状态大小可以通过蓝色虚线框观察到，如图 6-8 所示。

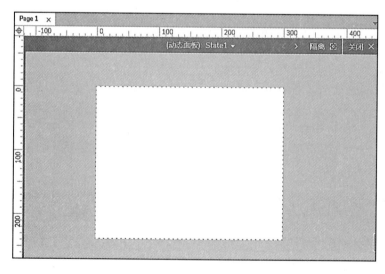

图 6-8　状态大小虚线框

6.1.4　适应内容

当状态中添加的对象大小与动态面板大小不匹配时，可以在页面上右击动态面板，从弹出的快捷菜单中执行【自适应内容】命令，如图 6-9 所示。

也可以在【样式】面板中找到【自适应内容】选项，如图 6-10 所示。

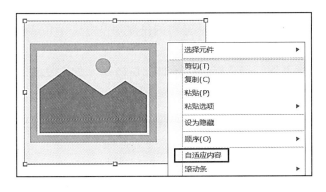

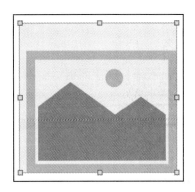

图 6-9　"自适应内容"命令　　　　　　　图 6-10　"自适应内容"后效果

6.1.5　滚动条

当动态面板中状态的内容范围大于动态面板范围时，也可以控制是否让动态面板显示滚动条，方法有 2 种：

（1）使用快捷菜单控制滚动条。

在页面上或者【概要】面板中右击动态面板，在弹出的快捷菜单中执行【滚动条】下的子命令。

（2）通过【样式】面板控制滚动条。

选择页面中的动态面板后，在右侧的【样式】面板中可以找到"滚动条"选项列表，如图 6-11 所示。通过滚动条可以浏览被动态面板遮盖的其他内容，如图 6-12 所示。如果没有显示出滚动条，则无法显示被遮盖的内容，如图 6-13 所示。

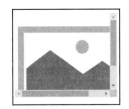

图 6-11　滚动条命令　　　　　图 6-12　有滚动条效果　　图 6-13　无滚动条效果

6.1.6 固定到浏览器

可以将动态面板固定到浏览器窗口的某个位置，就像一些购物网站一样，会在右侧一直出现一些固定的按钮，以便用户购买自己需要的商品。图 6-14 所示为百度网站的一个页面，右侧出现了分享、微博、微信、QQ 等按钮。

在 Axure RP 中，有 2 种方法可以很轻松地实现这个功能：

（1）在页面中或【概要】面板中右击动态面板元件，从弹出的快捷菜单中执行【固定到浏览器】命令。

（2）在【样式】面板中单击"固定到浏览器"超链接，打开如图 6-15 所示的【固定到浏览器】对话框。

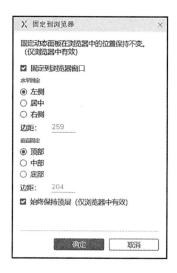

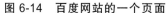

图 6-14　百度网站的一个页面　　　　　图 6-15　【固定到浏览器】对话框

6.1.7 100% 宽度

默认状态下，在浏览器中浏览时，动态面板的宽度就是在 Axure RP 中设置的宽度。如果要将动态面板的宽度和浏览器窗口的宽度保持一致，则需要将其设置为 100% 宽度，方法有 2 种：（1）右击动态面板，从弹出的快捷菜单中执行【100% 宽度】命令；（2）从【样式】子面板中勾选"100% 宽度"选项。此时预览网页就会发现，动态面板的宽度填充了整个浏览器宽度。

6.1.8 动态面板与一般元件的转换

可以将一般元件转换为动态面板，也可以将动态面板转换为一般元件。

1．将元件转为动态面板

在页面上或者【概要】面板中右击一般元件，从弹出的快捷菜单中执行【转换为动态面板】。将一般元件转为动态面板之后，该元件会变成动态面板中的一个状态。

2．将动态面板转为元件

在页面上或【概要】面板中右击动态面板，从弹出的快捷菜单中执行【从首个状态脱离】命令，即可将动态面板中的第一个状态转为一般元件。

6.2　动态面板的事件和动作

6.2.1　动态面板的事件

动态面板有 31 个事件，如图 6-16 和图 6-17 所示。

图 6-16　动态面板交互面板

图 6-17　动态面板事件

可以看出：【状态改变时】、【鼠标拖动时】、【鼠标拖动开始时】、【鼠标拖动结束时】、【鼠标向左拖动结束时】、【鼠标向右拖动结束时】、【鼠标向上拖动结束时】和【鼠标向下拖动结束时】等事件是其他元件没有的。下面介绍动态面板中这些特别的事件。

【状态改变时】表示当动态面板的状态改变时能导致产生某个结果。状态改变是指从一个状态切换到另一个状态。

【鼠标拖动时】当动态面板被拖动时将产生某个结果，一般该事件首先使用【移动】动作来驱动动态面板被拖动，然后再通过其他动作产生某个结果，也可以不再添加其他动作，而是使用鼠标拖动动态面板完成诸如拼图游戏、图片验证码等操作。

【鼠标拖动开始时】和【鼠标拖动结束时】这两个事件和前面学过的【鼠标拖动时】的区别在于拖动的时间节点的不同：【鼠标拖动开始时】表示按下鼠标左键刚拖动动态面板的那个时刻；【鼠标拖动结束时】表示按下鼠标左键拖动动态面板结束后，刚释放左键的那个时刻。

【鼠标向左拖动结束时】、【鼠标向右拖动结束时】、【鼠标向上拖动结束时】和【鼠标向下拖动结束时】这 4 个事件的不同之处是显而易见的，即鼠标拖动动态面板的方向不同。与前面所学的【鼠标拖动时】和【鼠标拖动结束时】两个事件不同，这 4 个事件中的"移动"动作的移动选项只有"到达"和"经过"两个，与【鼠标拖动开始时】事件中的"移动"动作的"移动"选项一致，如图 6-18 所示。

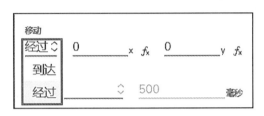

图 6-18　两个移动选项

6.2.2　动态面板的动作

在【交互】面板中添加一个针对动态面板的动作，在打开的面板中配置动态面板的相关参数，如图 6-19 所示。

图 6-19　设置动态面板参数

下面学习如何设置动态面板状态动作的主要参数。

1．选择状态

可以选择动态面板中的某个状态，在右侧的下拉列表中会列出动态面板中创建的每个状态。除了动态面板中的状态名称之外，在【选择状态】下拉列表中还列出了其他选项。

【下一项】：选择该选项后，通过事件可以控制显示下一个状态，还可以指定是否向后循环以及循环的间隔时间等。

【上一项】：选择该选项后，通过事件可以控制显示上一个状态，还可以指定是否向前循环以及循环的间隔时间等。

【停止循环】：选择该选项后，可以停止动态面板的状态循环。

【值】：可以将状态名或状态序列号作为指定的显示状态。

2．进入和退出动画

可以设置由一个状态进入另一个状态时的动画过渡效果，在许多动作中都存在这样的动画设置。

例如，前面章节中讲到的【显示/隐藏】、【移动】、【设置尺寸】等动作。

3．显示隐藏的动态面板

如果动态面板被设置为了隐藏状态，勾选【如果隐藏则显示面板】选项，就会将隐藏的动态面板显示出来。

4．推拉元件

该功能可以推/拉其下方或者右侧的元件。

6.3　案例演练：轮播图交互效果

1．案例描述

本案例实现 4 张图片轮播图交互效果，当左滑动图片结束时，当前图片向左滑动；当右滑动图片结束时，当前图片向右滑动；当点击向左箭头图标时，图片向右滑动切换上一幅图；当点击向右箭头图标时，图片向左滑动切换下一幅图。在轮播图的中下区域有 4 个小圆点，点击图片的小圆点，图片自动切换到对应的画面，具体效果如图 6-20 所示。

图 6-20　案例效果

2．操作说明

本案例主要用到动态面板的两个事件："SwipeLeft 时（向左拖动结束时时）"和"SwipeRight 时（向右拖动结束时时）"。另外，还会用到设置动态面板动作来切换指定的状态。

3．案例操作

步骤 1：创建一个动态面板，并为该动态面板添加 4 个状态，分别在不同状态中插入 1 张图片。

步骤 2：再创建 4 个无边框的正圆形元件，长和宽都为"15px"，如图 6-20 所示。

步骤 3：选择动态面板，在右侧的【交互】面板中点击【添加交互】按钮，在打开的"添加事件"中选择"SwipeLeft 时"（左滑动结束时）事件，在"添加动作"中选择"设置动态面板"项；在打开的"移动动作"配置参数中，设置"目标"为"当前"元件，"状态"项设置为"下一项"，勾选"向后循环"复选框按钮，"进入动画"和"退出动画"统一设置为"向左滑动""500"毫秒的动画时长，如图 6-21 所示。

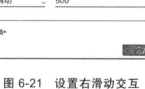

图 6-21　设置右滑动交互　　　　图 6-22　设置左滑动交互

步骤 4：选择动态面板，在右侧的【交互】面板中点击【添加交互】按钮，在打开的"添加事件"中选择"SwipeRight 时"（右滑动结束时）事件，在"添加动作"中选择"设置动态面板"项；在打开的"移动动作"配置参数中，设置"目标"为"当前"元件，"状态"项设置为"上一项"，勾选"向后循环"复选框按钮，"进入动画"和"退出动画"统一设置为"向右滑动"和"500"毫秒的动画时长，如图 6-22 所示。

步骤 5：选择第一个正圆形元件，点击右侧【交互】面板中的【新建交互】按钮，在"添加交互"下方的事件中选择"Click 时"项，如图 6-23 所示。

步骤 6：在打开的"添加动作"的"元件交互"分类中选择"设置动态面板"项，在打开的配置面板中设置动态面板的"状态"值为"状态 1","进入动画"和"退出动画"统一设置为"逐渐"和"500"毫秒的动画时长,如图 6-24 所示。

图 6-23　添加交互　　　　　　　　　　　图 6-24　设置动态面板动作

　　步骤 7:分别按照步骤 5 的操作,给另外 3 个圆形元件添加交互,第二个元件的交互是"Click"事件后,让状态面板逐渐切换到状态 2 等。

　　步骤 8:选择向右箭头元件,与步骤 3 操作一致,设置动态面板状态为【上一个】的交互操作。

　　步骤 9:选择向左箭头元件,与步骤 4 操作一致,设置动态面板状态为【下一个】的交互操作。

　　步骤 10:设置完成后,点击【主工具栏】中的【预览】命令,在打开的浏览器网页中预览点击不同栏目时的交互效果,如图 6-25 所示。

向左滑动结束时　　　　　　　　　　　　向右滑动结束时

图 6-25　浏览器预览结果

■■■ **本章总结**

本章主要学习使用 Axure RP 9 的动态面板制作动态的交互效果，应当做到以下几点：

（1）学会动态面板的使用，包括如何创建动态面板和动态面板的命名，以及创建动态面板的状态和状态的命名。

（2）学会动态面板的常用功能，理解其含义及使用场景。

（3）学会利用动态面板制作轮播图效果，进一步深化理解动态面板的使用方法。

第 7 章　Axure RP 9 内联框架

■■■**本章导读**|

内联框架是 Axure RP 9 中较为独特的元件，该元件主要用于载入音/视频文件的交互效果，还可以实现页面无刷新切换的交互效果。本章主要学习与内联框架相关的应用。

■■■**学习目标**|

➢ 理解内联框架的意义；
➢ 掌握内联框架的使用方法；
➢ 掌握热区元件的使用方法。

■■■**知识要点**|

➢ 内联框架样式的设置；
➢ 为内联框架加入链接；
➢ 热区元件交互事件的设置。

7.1　内联框架简介

7.1.1　认识内联框架

内联框架是 Axure RP 9 中的一个元件，也相当于一个容器，但与之前所学的动态面板容器有区别，内联框架支持嵌入外部资源在元件中，包括互联网网页、音视频文件、网页地图等。内联框架元件类似于 html 元素中 iframe 标签。

内联框架位于【元件库】面板中，在【默认元件库】栏中可以看到它，如图 7-1 所示。将内联框架放到页面中的显示效果，初始状态水平和垂直方向有滚动条，如图 7-2 所示。

7.1.2　设置内联框架的样式

在页面中选择内联框架元件后，会在【样式】面板中显示内联框架的参数，如图 7-3 所示。其中，包括内联框架的"位置和尺寸"参数，以及内联框架独有的"添加框架目标""隐藏边框""滚动"和"预览"功能的设置。

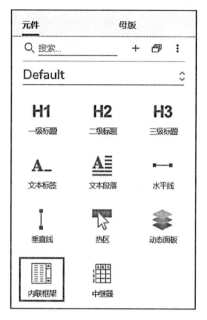

图 7-1　内联框架元件　　　　　　　　　图 7-2　内联框架在页面中的效果

1．添加框架目标

"添加框架目标"是内联框架主要的功能，点击该按钮后会弹出"链接属性"对话框，如图 7-4 所示。在此对话框中可以设置要链接的资源，可以是本项目的页面，也可以是外部的 URL 或文件，但同一时刻只能选择一种。

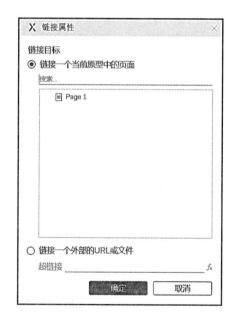

图 7-3　【样式】面板　　　　　　　　图 7-4　内联框架"链接属性"对话框

2．隐藏边框

默认情况创建的内联框架在页面中会有边框，如果在特定的应用场景下，不需要显示边框，可以勾选【样式】面板中的"隐藏边框"按钮的复选框，如图 7-5 所示。

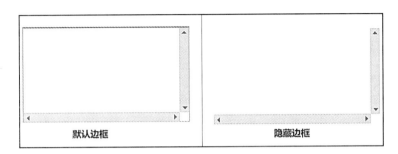

图 7-5　设置内联框架边框预览效果

3．设置滚动条

默认创建内联框架元件时，在页面中水平和垂直方向有滚动条，当载入的内容超过内联框架大小时，可以通过滚动不同的方向查看更多的内容，有 3 种滚动条效果的配置："按需滚动""始终滚动"和"从不滚动"，如图 7-6 所示。

4．设置预览图

在画布工作区中创建一个内联框架，初始以空白内容呈现，在设计过程中如果元件能够比较真实地呈现出产品的实际效果，则能为后面的产品研发提高效率，如果要呈现一个视频内容，可以设置为"视频"项，如图 7-7 所示。

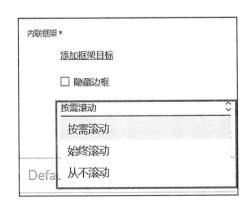

图 7-6　设置内联框架滚动条

图 7-7　设置内联框架预览图

需要注意的是，对内联框架的初始预览图设置，只能在设计界面中观看到效果，在浏览器中预览无效。

7.2　内联框架的基本操作

内联框架主要用来嵌入网页、视频、地图和 URL 等资源，也可以用来完成页面跳转的交互功能，下面学习内联框架的基本操作。

7.2.1　嵌入网页

内联框架可以嵌入页面资源，包括本项目中的页面或者互联网上的页面。双击内联框架或者在右侧"属性"中的蓝色字体上点击选择框架目标，出现如图 7-4 所示界面，可选的有两个："链接一个当前原型中的页面（即本地的页面）和"链接一个外部的 URL（任何正确的网址都行）或文件（本地文件），现在以链接网页为例，输入百度网址 https://www.baidu.com，如图 7-8 所示。

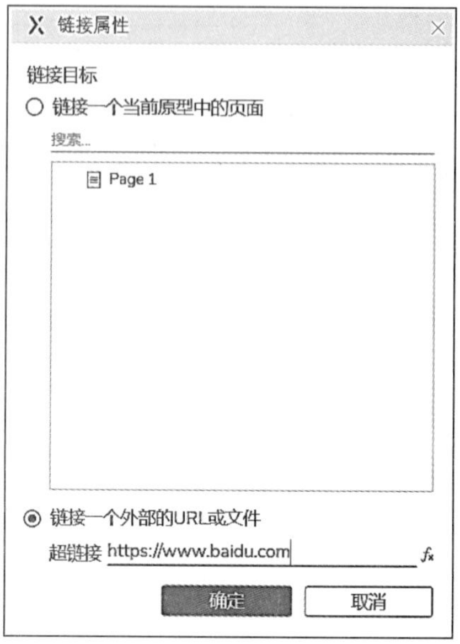

7.2.2　嵌入视频

内联框架除了可以链接网址以外，还可以链接文件路径，文件路径包括本地路径和网络路径，这两种路径分别支持嵌入本地视频和网络视频。例如链接本地视频文件，在输入框中输入"E://video.mp4"，如图 7-9 所示。又如链接网络上的视频文件，在输入框中输入"https://v.qq.com/txp/iframe/player.html?vid=z051296mqjo"，如图 7-10 所示。

图 7-8　嵌入百度首页

图 7-9　链接本地视频

图 7-10　链接网络视频文件

7.2.3　跳转网页

利用内联框架的链接，可以实现页面的无刷新切换。例如，在页面上创建 2 个按钮，当点击"百度"按钮时，右边的内联框架中显示百度首页内容；当点击"新浪"按钮时，右边的内联框架中显示新浪首页内容，如图 7-11 所示。

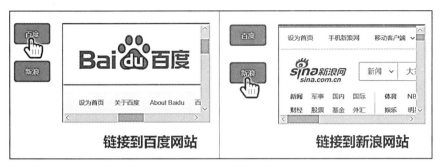

图 7-11　预览效果

7.3　案例演练：原型中实现视频点播

1．案例描述

本案例实现视频点播交互效果，顶部为视频播放控件，下方是视频列表，点击任意列表项，即刻播放相关视频内容，具体效果如图 7-12 所示。

2．操作说明

本案例主要用到对内联框架元件的链接目标参数设置，以及热区元件的使用，使用热区元件，可以为特定区域添加交互效果，本案例中使用多个热区元件实现视频列表的交互效果。

图 7-12　案例效果

图 7-13　创建内联框架元件

3．案例操作

步骤 1：将一张静态的效果图创建在画布工作区中。

步骤 2：创建一个内联框架，将内联框架的大小设置为刚好覆盖效果图中的视频播放区域，如图 7-13 所示。

步骤 3：选择内联框架，点击右侧的【样式】面板，再勾选"内联框架"类别中的"隐藏边框"按钮，设置"滚动条"栏目为"从不滚动"项，设置"预览图"栏目为"视频"项，如图 7-14 所示。在画布工作区的效果如图 7-15 所示。

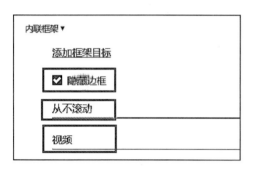

图 7-14　设置内联框架参数

图 7-15　内联框架设计界面

步骤 4：双击内联框架，在弹出的"链接属性"对话框中，点击"链接一个外部 URL 或文件"按钮，在下方的输入框中输入"https://player.bilibili.com/player.html?aid= 55880986&bvid= BV1u4411G7pc&cid=97685432&page=1"，如图 7-16 所示，点击【确定】按钮。

步骤 5：从【元件库】面板中创建 2 个热区元件，分别放置在视频列表效果图的上方，如图 7-17 所示。

图 7-16　创建热区元件

图 7-17　"链接属性"对话框

在画布工作区中，热区元件有一层半透明的矩形框覆盖在内容的上方，但是在浏览器中预览时，这半层透明矩形框将不会显示。

步骤 6：选择热区元件 1，点击右侧【交互】面板中的【新建交互】按钮，在"添加交互"下方的事件中选择"Click 时"项，如图 7-18 所示。

步骤 7：在打开的"添加动作"的"链接动作"分类中选择"框架中打开链接"项，如图 7-19 所示。

图 7-18 添加交互

图 7-19 添加动作

步骤 8：在打开的面板中将"目标"设置为"内联框架"，单击下方"链接到"配置参数的"链接到 URL 或文件路径"按钮，如图 7-20 所示。

步骤 9．在下方的路径输入框中输入"https://player.bilibili.com/player.html?aid=55880986&bvid=BV1u4411G7pc&cid=97685432&page=1"，如图 7-21 所示，单击【确定】按钮。

图 7-20 配置内联框架参数

图 7-21 设置内联框架为 URL 路径

步骤 10：选择热区元件 2，按照上面步骤 6～步骤 9 的操作，为热区元件 2 添加点击时内联框架切换为另外一个对应的网络视频 URL 交互。

步骤 11：设置完成后，点击【主工具栏】中的【预览】命令，在打开的浏览器中分别点击热区元件 1 的范围和热区元件 2 的范围，可以查看到不同的视频内容，如图 7-22 所示。

图 7-22　点击不同热区的预览效果

■ 本章总结

本章主要学习使用 Axure RP 9 的内联框架制作交互效果，应当做到以下几点：

（1）了解内联框架的组成和使用方法。

（2）学会内联框架的常用功能，理解其含义及使用场景。

（3）学会利用内联框架嵌入视频元素，进一步深化理解内联框架的使用方法。

第 8 章　Axure RP 9 中继器

■ 本章导读

本章学习中继器元件的基本功能和用法，主要功能包括新增行、删除行、标记行、筛选和排序等。本章会利用中继器的数据集功能模拟实现微信好友列表数据的添加、删除等交互设计。

■ 学习目标

➤ 掌握中继器的基本用法、中继器数据集和中继器的项；

➤ 掌握中继器数据集里的数据绑定到中继器上并显示出来；

➤ 掌握中继器的排序和筛选数据操作；

➤ 掌握中继器元件实现动态新增数据操作；

➤ 掌握中继器进行删除行内数据操作。

■ 知识要点

➤ 能够自如使用中继器的基础操作；

➤ 能够举一反三运用中继器的各项功能；

➤ 利用中继器完成高保真原型的制作。

8.1　中继器的简介

8.1.1　认识中继器

中继器是 Axure RP 9 中的高级元件，中继器元件可以用来显示重复的文本、图片、链接，可以模拟数据库的操作，进行数据库的增删改查。中继器元件的图标很形象，像一个数据库表对数据的操作，如图 8-1 所示。

打开 Axure RP 9，在【元件】面板中拖拽一个中继器元件到页面上，默认情况下中继器元件中显示 3 条数据，如图 8-2 所示。

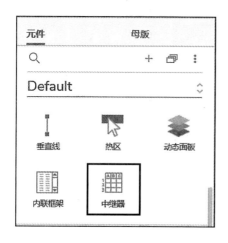

图 8-1　中继器元件

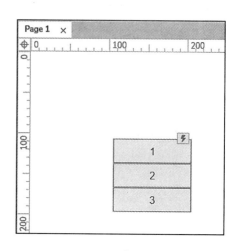

图 8-2　中继器显示样式

8.1.2　中继器元件的组成

中继器元件由中继器数据集和中继器项两部分构成。

1．中继器数据集

中继器元件是由中继器数据集的数据项填充，填充的数据项可以是文本、图片甚至是链接。Axure RP 9 中，在中继器内部和外部均可以编辑数据集。右侧【样式】面板中类似于表格形状的即为数据集，在单元格里可以任意填充数据，如图 8-3 所示。数据集中行与列的数据可以任意编辑。值得注意的是，数据集列的命名需要为英文，暂不支持中文命名，否则在中继器项载入数据时将无法关联数据集内容。

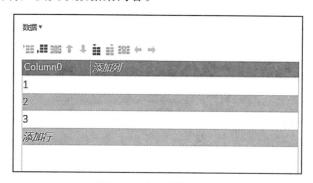

图 8-3　中继器数据集

2．中继器项

中继器中重复布局的元件称之为项，双击中继器元件，可以进入中继器进行编辑，如图 8-4 所示。在中继器编辑界面中的元件会被重复加载多次，相当于一个模板，中继器中有几条数据，就会重复加载几次。

可以删除中继器的默认项重新制作中继器的项，重新制作重复的单元。删除矩形元件，拖曳一个水平菜单元件，在中继器外面可以看到水平菜单元件也被用了三次，中继器的项可以作为基础布局，也就是可以重复的单元，如图 8-5 所示。

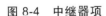

图 8-4　中继器项

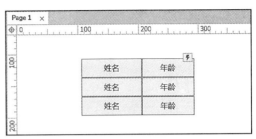

图 8-5　中继器显示样式

8.1.3　中继器的样式设置

选择中继器元件，在右侧的【样式】面板中，可以设置中继器的布局、背景和分页等主要样式，如图 8-6 所示。

布局：中继器支持按垂直、水平样式展示内容。垂直布局时，可以设定每一列数据有几项；横向布局时，可以设定每一行有几项。选中中继器，布局样式中选择"垂直"或"水平"勾选"换行"，填写每一列或每一行项的数量。如果不勾选换行，则所有的项将全部垂直展示成一列或横向展示成一排，如图 8-7 所示。

项的背景：项的背景既可以设置单一颜色，也可以设置两种不同的颜色交替显示。勾选样式面板中的"交替颜色"，设置背景色和交替色。默认情况下，中继器内容没有背景色，页面看上去是白色，是因为整个页面背景默认显示白色，并非中继器项背景为白色。

分页：中继器为我们提供了分页功能，当中继器项较多时，可以设置分页。选中中继器，在样式面板中勾选"多页显示"，设置每页项数量和起始页，如图 8-8 所示。

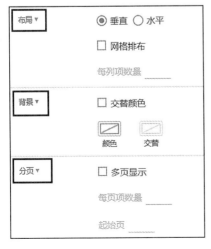

图 8-6　中继器样式面板

图 8-7　中继器布局样式

图 8-8　中继器分页样式

8.2 中继器的基本操作

8.2.1 创建和关联数据集

如果希望中继器呈现丰富的数据，可以对中继器的数据集和数据项进行编辑操作，默认情况下，中继器的内容只有一项，可以在编辑中继器元件内部，删除默认矩形，添加两个矩形，分别命名为"name"和"age"，如图 8-9 所示。

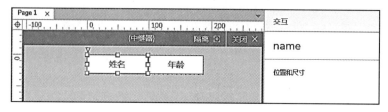

图 8-9　中继器项

选择中继器，在右侧【样式】面板的【中继器数据集】编辑区中，插入两列名为"name"和"age"，同时添加 4 行数据，如图 8-10 所示。

备注：数据集的行中除了添加文本数据以外，还可以添加页面、图片等数据，如图 8-11 所示。

图 8-10　创建数据集	图 8-11　插入数据项类型

要想将创建的数据集数据呈现在页面中，还需进行交互设置，将两个矩形元件"name"和"age"与数据集中的"name"和"age"相关联，如图 8-12 所示。

图 8-12　数据关联设置

8.2.2　数据排序

1．添加排序

使用中继器的"添加排序"动作可以对数据集中的数据项进行排序，如图 8-13 所示。在动作配置面板中，配置过滤参数，如图 8-14 所示。

图 8-13　"添加排序"动作

图 8-14　"添加排序"参数配置

- 名称：数据排序的名称。
- 列：数据集中要参加排序的列。
- 排序类型：选择按数字、文本、日期进行排序。
- 排序：选择数据展示的顺序，包含升序、降序和升降序切换。

2．移除排序

使用中继器的"移除排序"动作可以对已添加的排序规则进行移除，如图 8-15 所示。可以选择移除所有过滤器，或者输入名称，移除指定的过滤器，如图 8-16 所示。

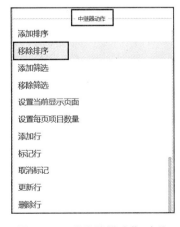

图 8-15　"移除排序"动作

图 8-16　"移除排序"参数配置

8.2.3　数据筛选

数据筛选是指根据特定的筛选条件，使得页面中只显示符合筛选条件的数据。数据筛选通常是由中继器外部的元件触发的。下面我们来看看使用中继器的动作，如何实现数据的筛选和移除筛选。

1．添加筛选

在"中继器动作"列表中点击"添加筛选"动作，在动作配置面板中选中中继器并给中继器添加筛选规则，如图 8-17 所示。如[[Item.age>25]]，意思是将年龄大于 25 的数据显示出来，不符合条件的不显示，如图 8-18 所示。

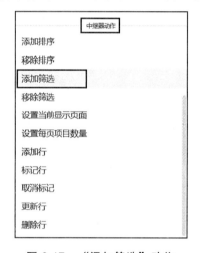

图 8-17　"添加筛选"动作

图 8-18　"添加筛选"参数配置

2．移除筛选

使用中继器动作列表中的"移除筛选"动作，可以把已添加的过滤移除，如图 8-19 所示。可以选择移除所有过滤，也可以输入过滤名称，移除指定的过滤，如图 8-20 所示。

图 8-19　"移除筛选"动作

图 8-20　"移除筛选"参数配置

8.2.4　管理数据

中继器除了具有数据排序、数据筛选功能以外，还可以支持对中继器数据集中的数据进行管理，包括添加行和删除行等。

1．添加行

使用"添加行"动作可以动态地添加数据到中继器数据集。

- 在动作列表中选择"添加行"，如图 8-21 所示。

图 8-21　"添加行"动作

- 选择目标元件，选中要添加项的中继器。
- 点击"添加行"按钮，如图 8-22 所示。
- 在弹出的【添加行到中继器】对话框中可以添加想要添加的数据，如图 8-23 所示。

图 8-22　添加行

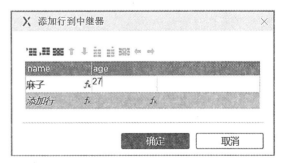

图 8-23　添加行数据

2．删除行

使用"删除行"动作，可以删除中继器数据集中的数据。

- 在动作列表中选择"删除行"，如图 8-24 所示。

- 选择目标元件，选中要添加项的中继器。
- 点击"删除行"按钮。
- 在打开的"删除行"配置参数中，勾选"规则"单选按钮，在下方的条件输入框中输入表达式"[[Item.age>25]]"，表示的意思是删除中继器中年龄大于 25 的数据，如图 8-25 所示。

图 8-24　"删除行"动作

图 8-25　"删除行"参数配置

8.3　案例演练：仿微信聊天列表信息交互设计

8.3.1　案例描述

本案例实现仿微信聊天列表的信息展示，当左滑动每条聊天记录时，从右边缘移动出一个矩形删除按钮，单击按钮删除当前一条聊天记录。如果点右滑动某条聊天记录，刚出现的矩形删除按钮向右移动出去，具体效果如图 8-26 所示。

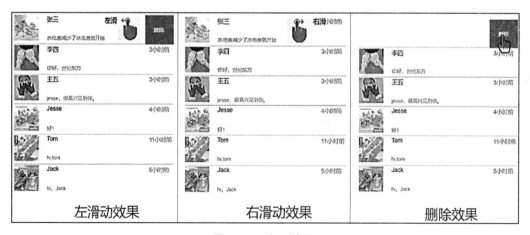

图 8-26　交互效果

8.3.2　操作说明

在案例中要用到中继器和动态面板两种主要元件，会用到中继器的载入图片、文本和删除行操作。会用到动态面板的"左滑动结束时"和"右滑动结束时"事件来快捷呈现删除按钮，再利用"单击"事件实现删除聊天记录。另外，还会用到"移动"等动作。

8.3.3　案例操作

步骤 1：在主页面中创建一个中继器元件，并将其命名为"msgrepeater"，双击中继器元件，进入中继器项的界面，从【元件】面板中拖拽一个图片元件、三个文本标签，分别命名为"img""msg""name"和"time"，如图 8-27 所示。

图 8-27　编辑中继器项

步骤 2：选择"msgrepeater"中继器，在右侧【样式】面板的数据集中创建 4 列，并将其分别命名为"img""name""msg"和"time"，与之前的 4 个元件名称一致，然后在每一行中新增这 4 项数据。单击"img"列中的行右键，在弹出的菜单中选择"导入图片"，其他 3 项输入文本信息，按照相同的操作新增 6 条数据，如图 8-28 所示。

步骤 3：选择"msgrepeater"中继器，在右侧的【交互】面板中默认状态下中继器创建了一个"ItemLoad 时"事件，将该事件下的所有动作清空，然后添加三个设置文本动作和一个设置图片动作，设置文本动作"time"元件与中继器中的列"time"相关联，"msg"元件与中继器中的列"msg"相关联，"name"元件与中继器中的列"name"相关联；设置图片动作"img"元件与中继器中的列"img"相关联，如图 8-29 所示。

图 8-28　创建中继器的数据集

图 8-29　数据关联设置

步骤 4：点击【主工具栏】中的【预览】命令，在浏览器中打开页面预览效果，如图 8-30 所示。

	张三	2小时前
水电费减少了水电费就开始	
	李四	3小时前
你好，世纪东方	
	王五	3小时前
jesse，很高兴见到你。	
	Jesse	4小时前
好！	
	Tom	11小时前
hi,tom	
	Jack	5小时前
hi，Jack	

图 8-30　预览效果

步骤 5：接下来，将实现左右滑动出现删除按钮等操作。接上一步，双击 "msgrepeater" 中继器，选择所有元件，单击鼠标右键，在弹出的快捷菜单中选择 "转换为动态面板" 命令。

步骤 6：双击动态面板进入动态面板的默认状态 1，然后从【元件】面板中拖拽一个矩形按钮，设置填充颜色为 "红色"，设置宽度为 "70px"，文本内容为 "删除"，如图 8-31 所示。

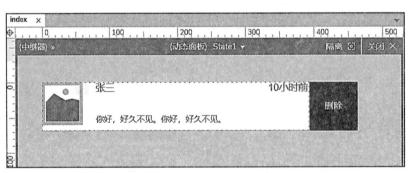

图 8-31　添加矩形删除元件

步骤 7：返回中继器项编辑界面，将动态面板的宽度设置为刚好隐藏红色的删除按钮，目的是初始时使每项的删除按钮在动态面板的右外侧，不可见。

步骤 8：选择动态面板，在右侧的【交互】面板中点击【添加交互】按钮，在打开的 "添加事件" 中选择 "SwipeLeft 时"（左滑动结束时）事件，在 "添加动作" 中选择 "移动" 项，在打开的 "移动动作" 配置参数中，设置 "目标" 为 "删除" 元件，移动方式选择 "经过"，x 方向的 "值" 为 "-70"，该值表示向左移动 70px，"动画" 选择 "缓慢加入"，时间为 "100 毫秒"，如图 8-32 所示。

步骤 9：使用相同操作设置动态面板的"SwipeRight 时"（右滑动结束时）事件，将移动动作中的"经过"配置 x 方向的参数设置为"70px"，表示向右移动 70px，其他设置相同，如图 8-33 所示。

图 8-32　设置左滑事件

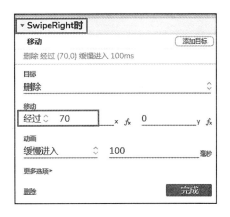

图 8-33　设置右滑事件

步骤 10：双击进入动态面板的状态 1，选择"删除"矩形元件，在右侧的【交互】面板中点击【新建交互】按钮，在"添加交互"下方的事件中选择"页面 Click 时"项，如图 8-34 所示。

步骤 11：打开的"添加动作"的"中继器动作"分类中选择"删除行"项，如图 8-35 所示。

图 8-34　添加交互

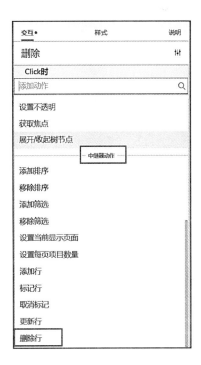

图 8-35　添加动作

步骤 12：在打开的"删除行"配置中选择"目标"为中继器，"行"的下方勾选"当前"单选按钮，点击【确定】按钮，如图 8-36 所示。

图 8-36   设置删除行动作

步骤 13：设置完成后，点击【主工具栏】中的【预览】命令，在打开的浏览器中左滑动每条聊天记录，右边缘移动出一个矩形删除按钮；右滑动某条聊天记录，矩形删除按钮向右移动出去；单击"删除"按钮，当前一条聊天记录被删除，如图 8-37 所示。

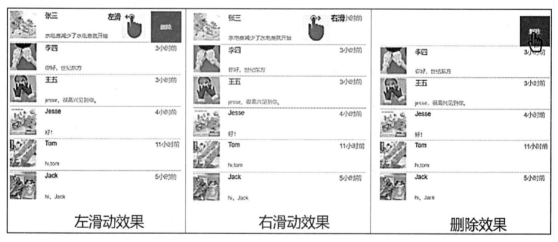

图 8-37   左滑、右滑和删除的交互效果

◼ 本章总结

本章主要学习 Axure RP 9 中继器的基本概念和用法，理解和掌握中继器的组成部分——数据集和中继器的项，学会将中继器数据集里的数据绑定到中继器上，然后在中继器里显示出来，学会利用中继器元件来进行动态地排序、筛选、新增行和删除行等数据操作。

第 9 章　Axure RP 9 高级交互

▰ 本章导读

本章学习变量和函数的基本用法，学习条件的运用以及如何设置条件。在本章中，会学习 IF 和 ELSE 两种类型的条件语句，运用这两种语句设计用户注册与登录的交互原型。另外，还会使用变量和函数设计随机抢红包的原型。

▰ 学习目标

➢ 掌握全局变量和局部变量的区别；
➢ 掌握定义全局变量和局部变量的方法；
➢ 掌握各类函数的使用方法；
➢ 掌握插入条件的方法；
➢ 掌握"任何"和"全部"条件的区别及用法；
➢ 熟练掌握 IF 和 ELSE 的区别；
➢ 熟练掌握使用条件设计页面的登录与注册交互效果。

▰ 知识要点

➢ 在动作中正确使用变量和函数；
➢ 使用函数精确获取数据信息；
➢ "任何"和"全部"的区别；
➢ IF 和 ELSE 的区别；
➢ 变量和函数在条件中的结合使用。

9.1　变量

变量是 Axure 交互原型设计工具中比较重要的概念，在一些高保真原型设计中经常用到，本节将学习变量的概念、分类和用法。

理解变量的概念之前，先了解一下常数，常数就是固定不变的数，与之相反的就是变量。顾名思义，变量就是会变化的数据或信息。在 Axure RP 9 中，变量主要用来存储数据，也可以传递数据，工具变量的范围可以分为局部变量和全局变量。

9.1.1　局部变量

在 Axure RP 9 中，局部变量仅适用于元件或页面的一个动作中，动作外的环境无法使用局部变量。我们可以为一个动作设置多个变量，Axure RP 9 中并不会限制变量的数量。不同的动作当中，局部变量的名称可以相同，但却不会相互影响。

1．添加局部变量

在 Axure RP 9 中，通常是借助【添加动作】中的"fx"按钮来添加局部变量。例如，在【设置文本】动作的参数栏中可以找到"fx"按钮，在弹出的【编辑文本】对话框中点击下方的"添加局部变量"，可以创建局部变量。

2．编辑局部变量

添加局部变量时，系统会创建一个默认名为 LVAR1 的局部变量，该变量名可以自定义。中间选择项为元件值的类型，右侧为需要添加变量的目标元件。

3．插入局部变量

完成局部变量的添加后，点击上方的"插入变量与函数"按钮，在下拉列表中找到添加的局部变量，点击即可完成该变量的插入。

4．使用局部变量

下面通过一个小案例来学习局部变量的用法，在本例中，在一个文本框中输入内容的同时，另外一个文本标签同步输出相同的内容。

步骤 1：在默认的"page1"页面中创建一个文本标签和一个文本框元件，如图 9-1 所示。

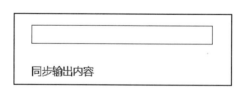

图 9-1　Page1 页面中的元件

步骤 2：选择"page1"页面中的文本框元件，在右侧的【交互】面板中点击【新建交互】按钮，选择"TextChange 时"事件，在打开的"添加动作"列表中，选择"元件动作"分类中的"设置文本"项，如图 9-2 所示；在"设置文本"动作的"目标"栏中选择文本标签元件，在设置为"文本"的下方点击"fx"按钮，如图 9-3 所示；在弹出的【编辑文本】对话框中，点击"添加局部变量"，默认变量名为"LVAR1"，设置"="后面的两项分别为"元件文字"和"当前"，然后在上方的"插入变量或函数"按钮中选择"局部变量"分类中的"LVAR1"项，点击【确定】按钮，如图 9-4 所示。

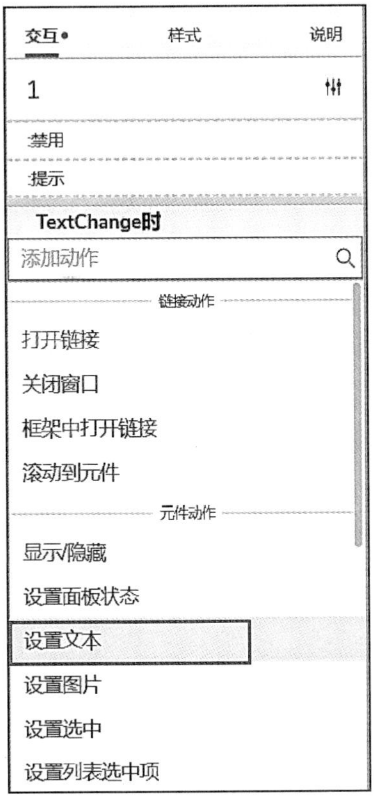

图 9-2　"设置文本"动作

图 9-3　设置文本的值

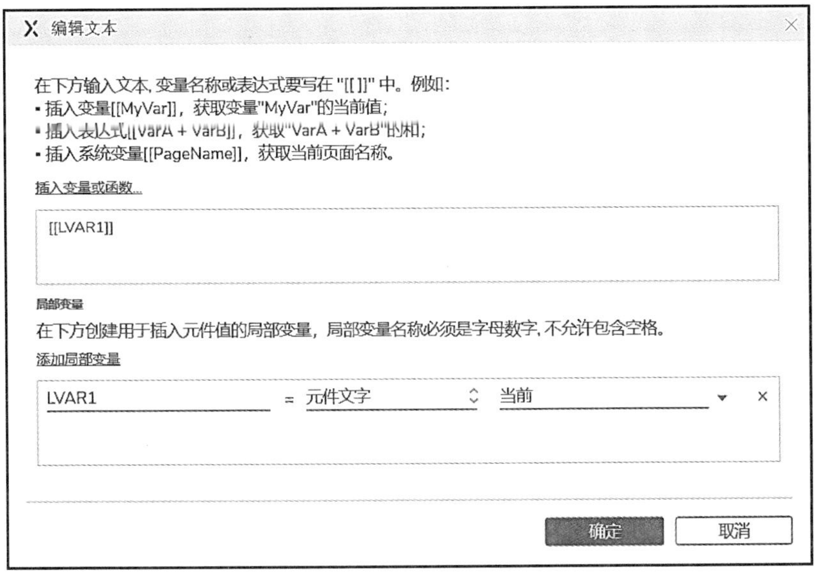

图 9-4　插入局部变量

步骤 3：设置完成后，点击【主工具栏】中的【预览】命令，在打开的浏览器网页的文本框中输入内容，可以查看到文本标签中也同步输出相同内容，如图 9-5 所示。

9.1.2　全局变量

在 Axure RP 9 中，全局变量适用于整个原型，因
此全局变量的名称不能重复，否则系统将无法区分它
们。将某个值传递给不同的元件或不同的页面时，我
们常需要用到全局变量。

图 9-5　浏览器输出效果

1．添加全局变量

在 Axure RP 9 中创建全局变量的方法，通常是点击【项目】菜单中的【全局变量】项，
在弹出的【全局变量】对话框中，系统默认为用户提供了一个全局变量 OnLoadVariable。创
建名为"username"和"pwd"的变量名，同时为这两个变量设置默认值为"zhangsan"和
"123456"，点击【添加】按钮，完成全局变量的添加，如图 9-6 所示。

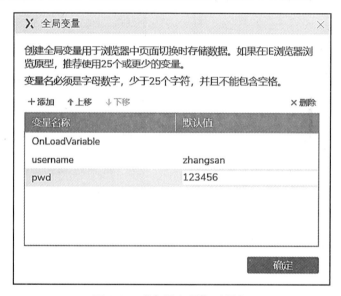

图 9-6　"全局变量"对话框

2．编辑全局变量

在【全局变量】对话框中，可以修改变量的名称（虽然系统为我们提供了默认名称，但
是方便你的使用与记忆才是最重要的）。需注意的是，变量名必须是字母和数字，少于 25 个
字符，且不能包含空格。

3．管理全局变量

在【全局变量】对话框中，不仅可以添加变量、编辑变量，还可以调整变量在列表中的
位置，也可以删除变量。点击对话框中的"↑上移"和"↓下移"按钮，可以调整变量的位
置；点击变量右上角的"删除"按钮，则可以删除已有的变量。

4．使用全局变量

下面通过一个小案例来学习全局变量的用法，在本例中，在文本框中输入完文本后，单击【提交】按钮，页面跳转到另外一个页面并显示刚才输入的文本内容。

步骤 1：在默认的"page1"页面中创建一个文本标签、一个文本框和【提交】按钮，如图 9-7 所示。

图 9-7　"page1"页面的元件

步骤 2：在【页面】面板中创建一个与"page1"页面同级的"page2"页面。

步骤 3：选择"page1"页面中的【提交】按钮元件，在右侧的【交互】面板中点击【新建交互】按钮，选择"Click 时"事件，在打开的"添加动作"列表中，选择"其他动作"分类中的"设置变量值"项，如图 9-8 所示；在打开的全局变量列表中选择默认变量名"OnLoadVariable"，在设置为"值"的下方点击"fx"按钮，如图 9-9 所示；在弹出的【编辑文本】对话框中，点击"添加局部变量"，默认变量名为"LVAR1"，设置"="后面的两项分别为"元件文字"和"文本框"，然后在上方的"插入变量或函数"按钮中选择"局部变量"分类中的"LVAR1"项，点击【确定】按钮，如图 9-10 和图 9-11 所示。

图 9-8　其他动作　　　　图 9-9　设置变量值

图 9-10　创建全局变量　　　　　　图 9-11　全局变量赋值

步骤 4：在【交互】面板中点击【添加动作】的加号 "+" 按钮，如图 9-12 所示。在下方的 "链接动作" 列表中选择 "打开链接" 项，如图 9-13 所示。

步骤 5：在 "打开链接" 列表中选择 "连接到" 中的名为 "page2" 的项，如图 9-14 所示。

图 9-12　添加动作　　　图 9-13　"打开链接"动作　　　图 9-14

步骤 6：切换至 "page2" 页面，在该页面中创建一个文本标签和文本框元件，如图 9-15 所示。

您的名字是：

图 9-15　"page2"页面的元件

　　步骤 7：点击"page2"页面的【画布】空白区域，为页面设置"页面 load 时"事件，如图 9-16 所示。在"添加动作"的"元件动作"分类中，选择"设置文本"项，如图 9-17 所示。

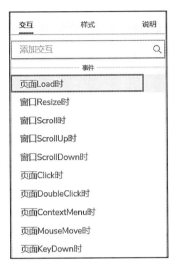

图 9-16　"页面 load 时"事件

图 9-17　"设置文本"动作

　　步骤 8：接着在上面的对话框中"目标"栏目下选择"文本框"元件，如图 9-18 所示。在"值"的右侧点击"fx"按钮，在弹出的【编辑文本】对话框中，点击"插入变量或函数"按钮，在弹出的列表中选择"全局变量"中的"OnLoadVariable"项，点击【确定】按钮，如图 9-19 所示。

图 9-18　设置文本的值

图 9-19　"编辑文本"对话框

　　步骤 9：设置完成后，以"page1"页面为输出的主页，点击【主工具栏】中的【预览】命令，在打开的浏览器网页的文本框中输入，如图 9-20 所示。单击【提交】按钮，即可弹出如图 9-21 所示的弹出窗口。

图 9-20   Page1 页面中输入文本框内容

图 9-21   page2 页面中弹出窗口信息

9.2 函 数

函数是一种特殊的变量，在 Axure RP 9 交互设计时，函数可以用在条件公式和需要赋值的地方，其基本语法是用双方括号包含，变量值和函数用英文句号连接。如：[[LVAR. Width]]表示变量 LVAR 的宽度，[[This. Width]]表示当前元件的宽度。

9.2.1 元件函数

下面介绍各个元件函数的含义和使用方法。

1．元件函数的含义

this：获取当前元件对象。当前元件是指当前添加交互动作的元件。如：this.text 获取当前选中元件上的文字内容。

target：获取目标元件对象，指当前交互动作控制的元件。如：targets.text 就是获取当前交互动作控制的元件上的文字内容。

x：获取指定元件的 X 轴坐标。

y：获取指定元件的 Y 轴坐标。

width：获取指定元件的宽度值。

height：获取指定元件的高度值。

scrollX：获取元件水平滚动距离。

scrollY：获取元件垂直滚动距离。

text：获取指定元件上的文字内容。

name：获取指定元件的自定义名称。

top：获取元件的顶部位置或坐标。

left：获取元件的左侧位置或坐标。

right：获取元件的右侧位置或坐标。

bottom：获取元件的底部位置或坐标。

opacity：获取元件的不透明比例。

rotation：获取元件的旋转角度。

2．元件函数的使用方法

下面通过一个简单的案例实操，介绍元件函数的使用方法。本例实现在页面中点击矩形元件后修改矩形元件的文本。

步骤 1：在主页面中创建一个矩形元件，为元件添加名称为"矩形"，如图 9-22 所示。

图 9-22　页面元件

步骤 2：选择矩形元件，在右侧的【交互】面板中点击【新建交互】按钮，在"添加交互"下方的事件中选择"Click 时"项，如图 9-23 所示。

步骤 3：在打开的"添加动作"的"元件动作"分类中选择"设置文本"项，如图 9-24 所示。

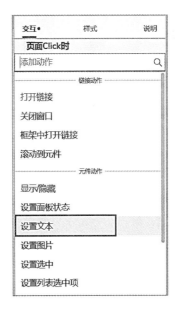

图 9-23　添加交互　　　　　　图 9-24　添加动作

步骤 4：在"设置文本"的下方，选择目标为"矩形"，"设置为"选择"文本"，点击"值"右侧的"fx"按钮，在弹出的【编辑文本】对话框中，在"插入变量和函数"下方的输入框中输入"我是元件：[[this.name]]"，点击【确定】按钮，如图 9-25 和图 9-26 所示。

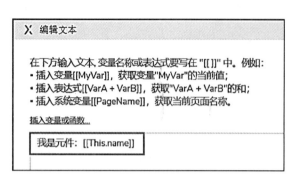

图 9-25　添加函数　　　　　　　　　　图 9-26　设置文本值

步骤 5：设置完成后，点击【主工具栏】中的【预览】命令，在打开的浏览器网页中点击矩形元件，可以查看到输出的文本内容，如图 9-27 所示。

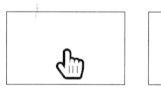

图 9-27　点击前和点击后效果

9.2.2　鼠标指针函数

1．鼠标指针函数的含义

Cursor.x：鼠标指针在页面中位置的 X 轴坐标。

Cursor.y：鼠标指针在页面中位置的 Y 轴坐标。

DragX：鼠标指针沿 X 轴拖动元件时的瞬间（0.01 秒）拖动距离。

DragY：鼠标指针沿 Y 轴拖动元件时的瞬间（0.01 秒）拖动距离。

TotalDragX：鼠标指针拖动元件从开始到结束的 X 轴移动距离。

TotalDragY：鼠标指针拖动元件从开始到结束的 Y 轴移动距离。

DragTime：鼠标指针拖动元件从开始到结束的总时长。鼠标左键按下后拖动部件移动时，时间开始累积，鼠标不动也会累积时间；鼠标左键释放后时间停止积累，再次点击拖动时时间重置为默认（0）；时间累积单位为毫秒。

2．鼠标指针函数的使用方法

下面通过一个简单的案例实操，介绍鼠标指针函数的使用方法。本例实现当鼠标在页面任意位置点击时，文本标签中对应显示当前鼠标的坐标值。

步骤 1：在主页面中创建两个文本标签，分别命名为"x"和"y"。

步骤 2：点击主页面空白处，在右侧的【交互】面板中点击【新建交互】按钮，在"添加交互"下方的事件中选择"页面 Click 时"项，如图 9-28 所示。

步骤 3：在打开的"添加动作"的"元件动作"分类中选择"设置文本"项，如图 9-29 所示。

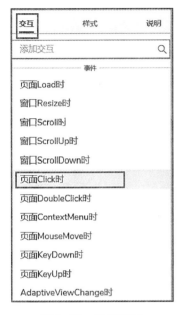

图 9-28　添加交互

图 9-29　添加动作

图 9-30　设置文本

步骤 4：在"设置文本"中，"目标"的下方选择元件"x"，"设置为"选择"文本"，点击"值"下方的"fx"按钮，如图 9-30 所示；在弹出的【编辑文本】对话框中，点击"插入变量或函数"按钮，在下方选择"鼠标指针"分类中的"Cursor.x"项，点击【确定】按钮，如图 9-31 和图 9-32 所示。

图 9-31　插入函数

图 9-32　配置动作参数

图 9-33　新建动作按钮

步骤 5：在上一步骤的基础上，点击【交互】面板中相同事件下方的"+"按钮，如图 9-33 所示。在打开的"添加动作"的"元件动作"分类中选择"设置文本"项，设置文本标签为"y"的值，点击"值"下方的"fx"按钮，在弹出的【编辑文本】对话框中点击"插入变量或函数"按钮，在下方选择"鼠标指针"分类中的"cursor.y"项，如图 9-34 所示。点击【确定】按钮后完成交互的配置，如图 9-35 所示。

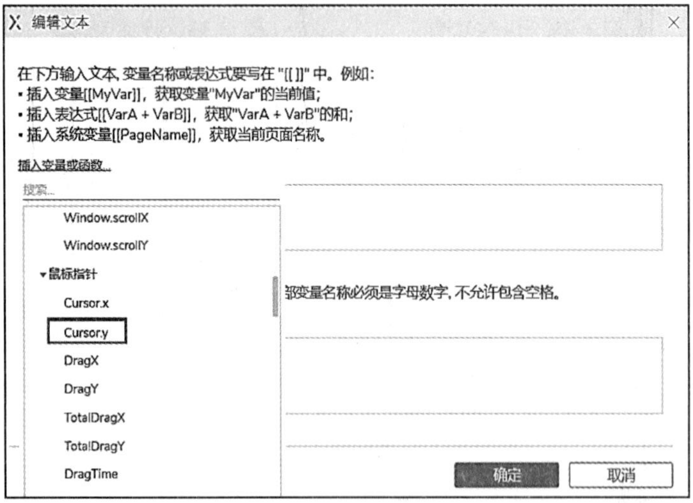

图 9-34　插入函数

图 9-35　完成交互设置

步骤 6：设置完成后，以"page1"页面为输出的主页，点击【主工具栏】中的【预览】命令，在浏览器网页中鼠标点击任意空白处，文本框中显示当前鼠标坐标结果，如图 9-36 所示。

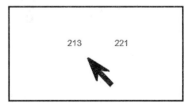

图 9-36　浏览器预览结果

9.2.3　窗口函数

Window.width：获取页面的浏览器当前宽度。

Window.height：获取页面的浏览器当前高度。

Window.scrollX：获取浏览器中页面水平滚动的距离。

Window.scrollY：获取浏览器中页面垂直滚动的距离。

9.2.4　页面函数

页面函数只包括一个 PageName 变量，该函数的功能是获取当前页面的名称。下面通过一个简单的实例操作，介绍该函数的用法。该例实现当鼠标在页面任意位置点击时，文本标签显示当前页面的名称。

步骤 1：在页面名称为"page1"的页面中创建一个文本标签，命名为"pagename"。

步骤 2：点击主页面空白处，在右侧的【交互】面板中点击【新建交互】按钮，在"添加交互"下方的事件中选择"页面 Click 时"项，如图 9-37 所示。

步骤 3：在打开的"添加动作"的"元件动作"分类中选择"设置文本"项，如图 9-38 所示。

图 9-37　添加交互

图 9-38　添加动作

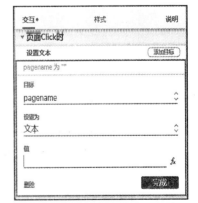

图 9-39　设置文本

步骤 4：在"设置文本"中，"目标"的下方选择元件"pagename"，"设置为"选择"文本"，点击"值"下方的"fx"按钮，如图 9-39 所示。在弹出的【编辑文本】对话框中，点击"插入变量或函数"按钮，在下方选择"页面"分类中的"PageName"项，点击【确定】按钮，如图 9-40 和 9-41 所示。

步骤 5：设置完成后，以"page1"页面为输出的主页，点击【主工具栏】中的【预览】命令，在浏览器网页中鼠标点击任意空白处，文本框中显示当前鼠标坐标结果，如图 9-42 所示。

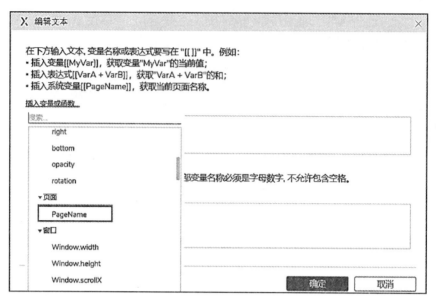

图 9-40　插入函数

图 9-41　设置文本值

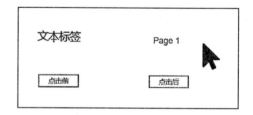

图 9-42　预览结果

9.2.5　数学函数

1. 数学函数的含义

Math.abs（x）：计算参数数值的绝对值。参数：x 为数值。

Math.acos（x）：获取一个数值的反余弦弧度值，其范围是 0 ~ pi。参数：x 为数值，范围在 − 1 ~ 1 之间。

Math.asin（x）：获取一个数值的反正弦值。参数：x 为数值，范围在 – 1 ~ 1 之间。

Math.atan（x）：获取一个数值的反正切值。参数：x 为数值。

Math.atan2（y，x）：获取某一点（x，y）的角度值。参数："x，y"为点的坐标数值。

Math.ceil（x）：向上取整函数，获取大于或者等于指定数值的最小整数。参数：x 为数值。

Math.cos（x）：余弦函数。 参数：x 为弧度数值。

Math.exp（x）：指数函数，计算以 e 为底的指数。参数：x 为数值。

Math.floor（x）：向下取整函数，获取小于或者等于指定数值的最大整数。 参数：x 为数值。

Math.log（x）：对数函数，计算以 e 为底的对数值。参数：x 为数值。

Math.max（x，y）：获取参数中的最大值。参数："x，y"表示多个数值，而非 2 个数值。

Math.min（x，y）：获取参数中的最小值。参数："x，y"表示多个数值，而非 2 个数值。

Math.pow（x，y）：幂函数，计算 x 的 y 次幂。参数：x 不能为负数且 y 为小数，或者 x 为 0 且 y 小于等于 0。

Math.random（ ）：随机数函数，返回一个 0 ~ 1 之间的随机数。示例：获取 10 ~ 15 之间的随机小数，计算公式为 Math.random（ ）*5+10。

Math.sin（x）：正弦函数。参数：x 为弧度数值。

Math.sqrt（x）：平方根函数。参数：x 为数值。

Math.tan（x）：正切函数。参数：x 为弧度数值。

2．数学函数的使用方法

下面通过一个简单的案例实操，介绍数学函数的使用方法。本例实现在文本框中输入数字，接着鼠标点击按钮，然后文本标签中输出该数字的平方根。

步骤 1：在主页面中创建一个文本框、一个按钮和一个文本标签，如图 9-43 所示。

图 9-43　页面元件

步骤 2：选择按钮元件，在右侧的【交互】面板中点击【新建交互】按钮，在"添加交互"下方的事件中选择"Click 时"项，如图 9-44 所示。

步骤 3：在打开的"添加动作"的"元件动作"分类中选择"设置文本"项，如图 9-45 所示。

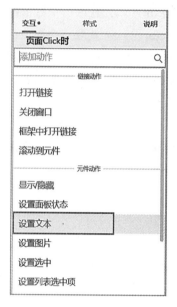

图 9-44　添加交互　　　　　　　　　　　　图 9-45　添加动作

步骤 4：在"设置文本"的下方，选择"目标"为"文本标签"，"设置为"选择"文本"，点击"值"右侧的"fx"按钮，在弹出的【编辑文本】对话框中添加一个名为"LVAR1"的局部变量，在"="右侧选择"元件文字"，在最右侧的列表框中选择"文本框"元件，如图 9-46 所示。

步骤 5：接上一步，点击"插入变量或函数"按钮，在弹出的快捷菜单栏中选择"数字函数"类别中的"sqrt（x）"项，如图 9-47 所示。

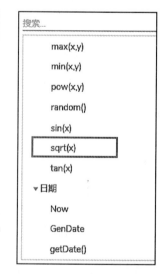

图 9-46　添加局部变量　　　　　　　　　　图 9-47　数字函数 sqrt（x）

步骤 6：在"插入变量或函数"下方的输入框中，将函数中的"x"删除，并将光标放置在 sqrt 函数的括号中闪烁。然后再点击"插入变量或函数"按钮，在弹出的快捷菜单栏中，插入"局部变量"分类中的"LVAR1"项，输入框的内容为"[[Math.sqrt（LVAR1）]]"，点击【确定】按钮，如图 9-48 所示。

图 9-48　添加函数

步骤 7：设置完成后，点击【主工具栏】中的【预览】命令，在打开的浏览器网页的文本框中输入数字后点击【平方根】按钮，文本标签中输出该数字的平方根，如图 9-49 所示。

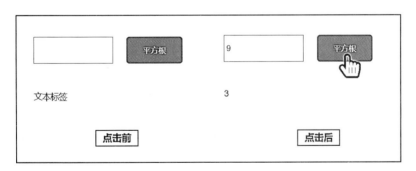

图 9-49　点击前和点击后效果

9.2.6　数字函数

toExponential（decimalPoints）：把数值转换为指数计数法。参数 decimalPoints 为保留小数的位数。

toFixed（decimalPoints）：将一个数字转为保留指定位数的小数，小数位数超出指定位数时进行四舍五入。参数 decimalPoints 为保留小数的位数。

toPrecision（length）：把数字格式化为指定的长度。参数 length 为格式化后的数字长度，小数点不计入长度。

9.2.7 时间函数

1．时间函数的含义

Now：获取当前计算机系统日期对象。

GenDate：获取原型生成日期对象。

getDate（ ）：获取日期对象"日期"部分数值（1～31）。

getDay（ ）：获取日期对象"星期"部分的数值（0～6）。

getDayOfWeek（ ）：获取日期对象"星期"部分的英文名称。

getFullYear（ ）：获取日期对象"年份"部分四位数值。

getHours（ ）：获取日期对象"小时"部分数值（0～23）。

getMilliseconds（ ）：获取日期对象的毫秒数（0～999）。

getMinutes（ ）：获取日期对象"分钟"部分数值（0～59）。

getMonth（ ）：获取日期对象"月份"部分的数值（1～12）。

getMonthName（ ）：获取日期对象"月份"部分的英文名称。

getSeconds（ ）：获取日期对象"秒数"部分数值（0～59）。

getTime（ ）：获取当前日期对象中的时间值。该时间值表示从 1970 年 1 月 1 日 00:00:00 开始到当前日期对象时所经过的毫秒数，以格林威治时间为准。

getTimezoneOffset（ ）：获取世界标准时间（UTC）与当前主机时间之间的分钟差值。

getUTCDate（ ）：使用世界标准时间获取当前日期对象"日期"部分数值（1～31）。

getUTCDay（ ）：使用世界标准时间获取当前日期对象"星期"部分的数值（0～6）。

getUTCFullYear（ ）：使用世界标准时间获取当前日期对象"年份"部分四位数值。

getUTCHours（ ）：使用世界标准时间获取当前日期对象"小时"部分数值（0～23）

getUTCMilliseconds（ ）：使用世界标准时间获取当前日期对象的毫秒数（0～999）。

getUTCMinutes（ ）：使用世界标准时间获取当前日期对象"分钟"部分数值（0 ～59）。

getUTCMonth（ ）：使用世界标准时间获取当前日期对象"月份"部分的数值（1～12）。

getUTCSeconds（ ）：使用世界标准时间获取当前日期对象"秒数"部分数值（0 ～59）。

Date.parse（datestring）：用于分析一个包含日期的字符串，并返回该日期与 1970 年 1 月 1 日 00:00:00 之间相差的毫秒数。参数 datestring 为日期格式的字符串，格式为 yyyy/mm/dd hh:mm:ss。

toDateString（ ）：以字符串的形式获取一个日期。

toISOString（ ）：获取当前日期对象的 IOS 格式的日期字串，格式为 YYYY-MM-DDTHH:mm:ss.sssZ。

toJSON（ ）：获取当前日期对象的 JSON 格式的日期字串，格式为 YYYY-MM-DDTHH:mm:ss.sssZ。

toLocaleDateString（ ）：以字符串的形式获取本地化当前日期对象，并且只包含"年月日"部分的短日期信息。

toLocaleTimeString（ ）：以字符串的形式获取本地化当前日期对象，并且只包含"时分秒"部分的短日期信息。

toUTCString（）：以字符串的形式获取相对于当前日期对象的世界标准时间。

Date.UTC（year，month，day，hour，min，sec，millisec）：获取相对于 1970 年 11 月 1 日 00:00:00 的世界标准时间，与指定日期对象之间相差的毫秒数。参数是组成指定日期对象的年、月、日、时、分、秒以及毫秒的数值。

valueOf（）：获取当前日期对象的原始值。

addYears（years）：将指定的年份数加到当前日期对象上，获取一个新的日期对象。参数 years 为整数数值，正负均可。

addMonths（months）：将指定的月份数加到当前日期对象上，获取一个新的日期对象。参数 months 为整数数值，正负均可。

addDays（days）：将指定的天数加到当前日期对象上，获取一个新的日期对象。参数 days 为整数数值，正负均可。

addHours（hours）：将指定的小时数加到当前日期对象上，获取一个新的日期对象。参数 hours 为整数数值，正负均可。

addMinutes（minutes）：将指定的分钟数加到当前日期对象上，获取一个新的日期对象。参数 minutes 为整数数值，正负均可。

addSeconds（seconds）：将指定的秒数加到当前日期对象上，获取一个新的日期对象。参数 seconds 为整数数值，正负均可。

addMilliseconds（ms）：将指定的毫秒数加到当前日期对象上，获取一个新的日期对象。参数 ms 为整数数值，正负均可。

Year：获取系统日期对象"年份"部分的四位数值。

Month：获取系统日期对象"月份"部分数值（1～12）。

Day：获取系统日期对象"日期"部分数值（1～31）。

Hours：获取系统日期对象"小时"部分数值（0～23）。

Minutes：获取系统日期对象"分钟"部分数值（0～59）。

Seconds：获取系统日期对象"秒数"部分数值（0～59）。

2．时间函数的使用方法

下面通过一个简单的案例实操，介绍时间函数的使用方法。本例实现当鼠标点击页面中的按钮时，文本标签显示当前时间。

步骤 1：在主页面中创建一个按钮和一个文本标签，如图 9-50 所示。

图 9-50　页面元件

步骤 2：选择按钮元件，在右侧的【交互】面板中点击【新建交互】按钮，在"添加交互"下方的事件中选择"Click 时"项，如图 9-51 所示。

步骤 3：在打开的"添加动作"的"元件动作"分类中选择"设置文本"项，如图 9-52 所示。

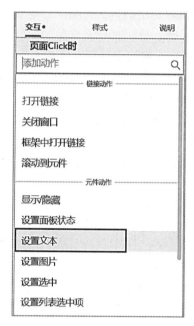

图 9-51　添加交互　　　　　　　　图 9-52　添加动作

步骤 4：在"设置文本"的下方，选择"目标"为"文本标签"，"设置为"选择"文本"，点击"值"右侧的"fx"按钮，在弹出的【编辑文本】对话框中，在"插入变量或函数"下方的输入框中输入内容为"[[Now.toISOString（）.substring（0，10）]] [[0.concat（Now.getHours（））.slice（-2）]][[Now.toISOString（）.substr（13，6）]]"，点击【确定】按钮，如图 9-53 所示。

图 9-53　添加函数

（注：[[Now]]即代表当前时间，但其时间格式不是我们想要的，图 9-53 中的函数值是获取 yyyy-MM-dd HH:mm:ss 格式的时间值。）

步骤 5：设置完成后，点击【主工具栏】中的【预览】命令，在打开的浏览器网页中点击按钮，文本标签中显示当前时间，如图 9-54 所示。

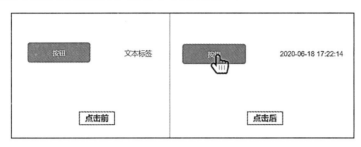

图 9-54　点击前和点击后效果

9.2.8　字符串函数

1．字符串函数的含义

length：获取当前文本对象的长度，即字符个数；1 个汉字的长度按 1 计算。

charAt（index）：获取当前文本对象中指定位置的字符；参数 index 为大于等于 0 的整数。

charCodeAt（index）：获取当前文本对象中指定位置字符的 Unicode 编码（中文编码段 19968～40622）；字符起始位置从 0 开始。参数 index 为大于等于 0 的整数。

concat（'string'）：将当前文本对象与另一个字符串组合。参数 string 为组合在后方的字符串。

indexOf（'searchValue'，start）：从左至右获取查询字符串在当前文本对象中首次出现的位置。未查询到时返回值为-1。参数：searchValue 为查询的字符串；start 为查询的起始位置。该参数可省略，官方未给出此参数，经测试可用。

lastIndexOf（'searchvalue'，start）：从右至左获取查询字符串在当前文本对象中首次出现的位置。未查询到时返回值为－1。参数：searchValue 为查询的字符串；start 为查询的起始位置。该参数可省略，官方未给出此参数，经测试可用。

replace（'searchvalue'，'newvalue'）：用新的字符串替换当前文本对象中指定的字符串。参数：searchvalue 为被替换的字符串；newvalue 为新文本对象或字符串。

slice（start，end）：从当前文本对象中截取从指定起始位置开始到终止位置之前的字符串。参数 start 为被截取部分的起始位置，该数值可为负数；end 为被截取部分的终止位置，该数值可为负数，该参数可省略，省略该参数则由起始位置截取至文本对象结尾。

split（'separator'，limit）：将当前文本对象中与分隔字符相同的字符转为"，"，形成多组字符串，并返回从左开始的指定组数。 参数：separator 为分隔字符，分隔字符可以为空，为空时将分隔每个字符为一组；limit 为返回组数的数值，该参数可以省略，省略该参数则返回所有字符串组。

substr（start，length）：从当前文本对象中指定起始位置开始截取一定长度的字符串。参数：start 为被截取部分的起始位置；length 为被截取部分的长度，该参数可省略，省略该参数则由起始位置截取至文本对象结尾。

substring（from，to）：从当前文本对象中截取从指定位置到另一指定位置区间的字符串。右侧位置不截取。参数：from 为指定区间的起始位置；to 为指定区间的终止位置，该参数可省略，省略该参数则由起始位置截取至文本对象结尾。

toLowerCase（ ）：将文本对象中所有的大写字母转换为小写字母。

toUpperCase（ ）：将当前文本对象中所有的小写字母转换为大写字母。

trim（ ）：去除当前文本对象两端的空格。

toString（ ）：将一个逻辑值转换为字符串。

2．字符串函数的使用方法

下面通过一个简单的案例实操，介绍鼠标指针函数的使用方。该例实现在文本框中输入内容后，点击按钮，在文本标签中显示当前文本框输入的字符数。

步骤 1：在主页面中创建一个文本框、一个按钮和一个文本标签，如图 9-55 所示。

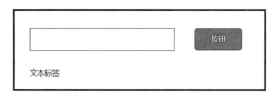

图 9-55　页面元件

步骤 2：选择按钮元件，在右侧的【交互】面板中点击【新建交互】按钮，在"添加交互"下方的事件中选择"Click 时"项，如图 9-56 所示。

步骤 3：在打开的"添加动作"的"元件动作"分类中选择"设置文本"项，如图 9-57 所示。

图 9-56　添加交互　　　　　　　　图 9-57　添加动作

　　步骤 4：在"设置文本"的下方，选择目标为"文本标签"，"设置为"选择"文本"，点击"值"右侧的"fx"按钮，在弹出的【编辑文本】对话框中添加一个名为"LVAR1"的局部变量，在"="右侧选择"元件文字"，在最右侧的列表框中选择"文本框"元件，如图 9-58 所示。

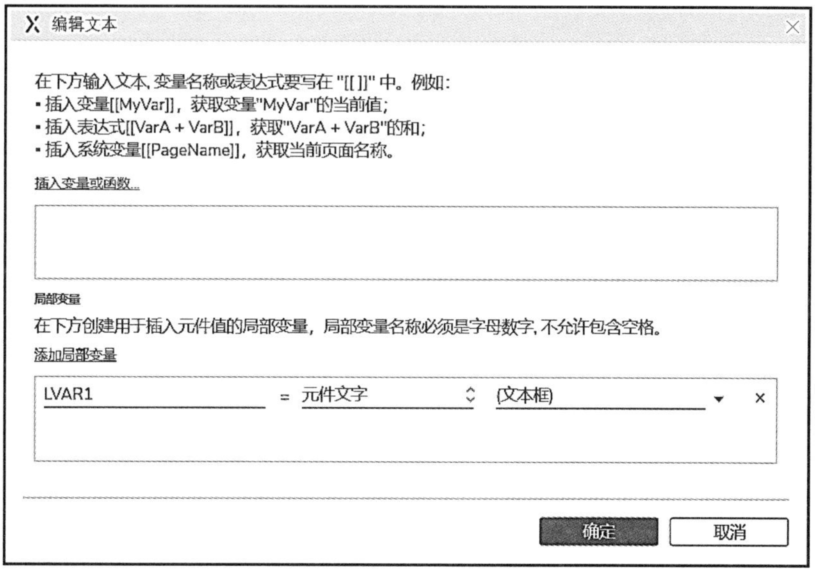

图 9-58　添加局部变量

　　步骤 5：接上一步，点击"插入变量或函数"按钮，在弹出的快捷菜单栏中选择"字符串"类别中的"length"项，如图 9-59 所示。

图 9-59　字符串函数 length

　　步骤 6：在"插入变量或函数"下方的输入框中将默认添加的内容"[[LVAR.length]]"修改为"[[LVAR1.length]]"，点击【确定】按钮，如图 9-60 所示。

编辑文本

在下方输入文本，变量名称或表达式要写在 "[[ ]]" 中。例如：
▪ 插入变量[[MyVar]]，获取变量"MyVar"的当前值；
▪ 插入表达式[[VarA + VarB]]，获取"VarA + VarB"的和；
▪ 插入系统变量[[PageName]]，获取当前页面名称。

插入变量或函数...

```
[[LVAR1.length]]
```

局部变量

在下方创建用于插入元件值的局部变量，局部变量名称必须是字母数字，不允许包含空格。

添加局部变量

| LVAR1 | = 元件文字 | (文本框) | × |

确定　　取消

图 9-60　添加函数

步骤 7：设置完成后，点击【主工具栏】中的【预览】命令，打开浏览器网页，在文本框中输入内容后点击【按钮】，文本标签中输出当前文本框中输入的字符数，如图 9-61所示。

图 9-61　点击前和点击后效果

9.2.9　中继器函数

Repeater：中继器的对象。Item.Repeater 即为 Item 所在的中继器对象。

visibleItemCount：中继器项目列表中可见项的数量。比如：项目列表共有 15 项，分页显示为每页 6 项。当项目列表在第 1、2 页时，可见项数量为 6；当项目列表在第 3 页时，可见项数量为 3。

itemCount：获取中继器项目列表的总数量，或者叫加载项数量。默认情况下项目列表的总数量会与中继器数据集中的数据行数量一致，但是，如果进行了筛选，项目列表的总数量则是筛选后的数量，这个数量不受分页影响。

dataCount：获取中继器数据集中数据行的总数量。

pageCount：获取中继器分页的总数量，即能够获取分页后共有多少页。

pageIndex：获取中继器项目列表当前显示内容的页码。

Item：获取数据集一行数据的集合，即数据行的对象。

TargetItem：目标数据行的对象。

Item.列名：获取数据行中指定列的值。

index：获取数据行的索引编号，编号起始为 1，由上至下每行递增 1。

isFirst：判断数据行是否为第 1 行；如果是第 1 行，返回值为"True"，否则为"False"。

isLast：判断数据行是否为最末行；如果是最末行，返回值为"True"，否则为"False"。

isEven：判断数据行是否为偶数行；如果是偶数行，返回值为"True"，否则为"False"。

isOdd：判断数据行是否为奇数行；如果是奇数行，返回值为"True"，否则为"False"。

isMarked：判断数据行是否为被标记；如果被标记，返回值为"True"，否则为"False"。

isVisible：判断数据行是否为可见行；如果是可见行，返回值为"True"，否则为"False"。

9.2.10　布尔运算

布尔函数的返回值要么是 true（表示 1），要么是 false（表示 0），即"真"或者"假"。

==表示等于。

!=表示不等于。

<表示小于。

<=表示小于等于。

>表示大于。

>=表示大于等于。

&&表示并且。

||表示或者。

9.3　插入条件

条件主要用于判断，达到某个条件可以执行某个动作，在 Axure RP 9 中要想随心所欲地制作出想要的任何交互原型效果，就必须掌握必要的逻辑条件的语法和用法。

9.3.1　条件的语法

在 Axure RP 9 中不需要使用者自己编写语法，只需要设计清楚逻辑关系，然后根据逻辑关系进行逻辑条件的判断即可。在 Axure RP 9 中，用例、逻辑条件和语句的关系如图 9-62 所示。

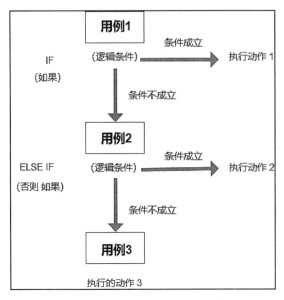

图 9-62　用例、逻辑条件和语句的关系

IF…ELSE 是最常见的逻辑语句，它的运用让交互变得简单。从图 9-62 中可以看出，在这里的动作 1、动作 2 和动作 3 只能执行一个，也就是说，多个用例在同一时刻只能执行一个。

9.3.2　插入条件

在【条件设置】对话框中点击【添加条件】，如图 9-63 所示。

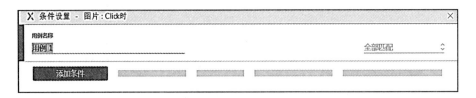

图 9-63　添加条件

点击【添加条件】按钮后，打开如图 9-64 所示的【条件设置】对话框。

在一个【用例】中可以插入一个或多个条件，只需点击【+添加行】按钮，即可添加新的条件。

在【条件设置】对话框右侧的下拉列表框中有"全部匹配"和"任意匹配"两个选项，如图 9-65 所示。

"全部匹配"是指事件触发后只有同时满足当前设置的所有条件，才能继续执行下一步动作，否则不执行任何动作，相当于"and""并且"的意思。

"任意匹配"是指事件触发后只要满足当前设置的任意条件中的一项，即可执行下一步动作，相当于"or""或者"的意思。

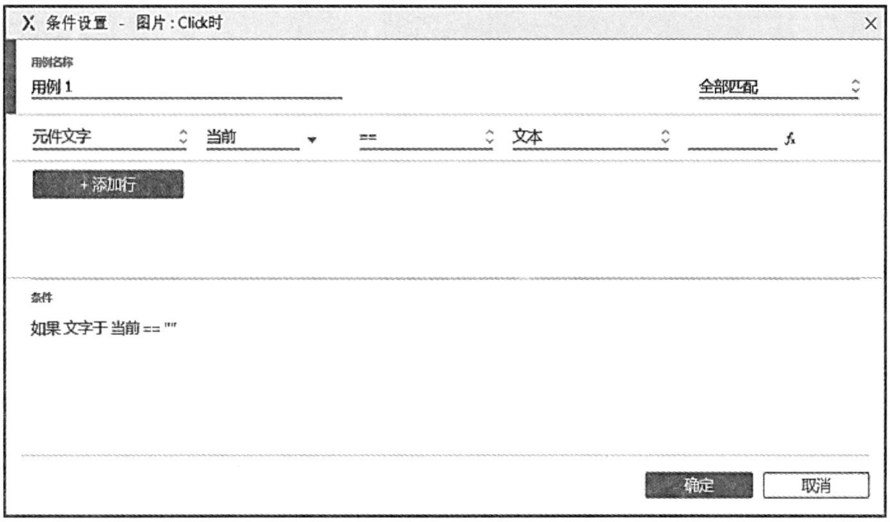

图 9-64　【条件设置】对话框

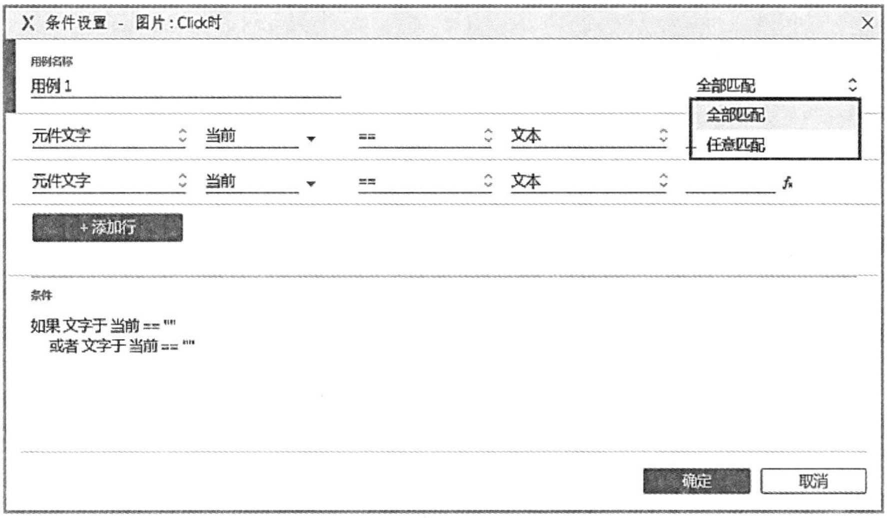

图 9-65　设置条件

9.3.3　切换 IF/ELSE IF

一个事件中可以添加多个用例，而每个用例都可以添加条件，默认情况下，在用例中添加的第一个条件用 IF（如果）表示，从第二个用例开始，添加的条件则用 ELSE IF（否则　如果）表示，如图 9-66 所示。如果要将 ELSE IF 切换成 IF 或者要将 IF 切换成 ELSE IF，则只需要在相应的条件上点击右键，在弹出的快捷菜单中选择"切换为[如果]或[否则]"命令即可，如图 9-67 所示。

下面通过一个简单的案例实操，介绍条件的使用方法。此案例实现在一个文本框中输入任意的数字，点击按钮后在文本标签中显示是否大于 10。如：输入 22 点击按钮后文本标签显示"大于 10"，输入 7 点击按钮后文本标签显示"小于 10"的信息。

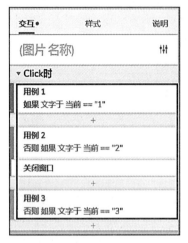

图 9-66　多个用例添加条件

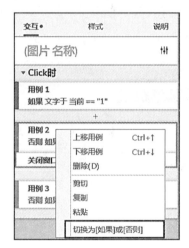

图 9-67　切换为 IF/ELSE IF 命令

步骤 1：在主页面中创建一个文本框、一个按钮和一个文本标签，如图 9-68 所示。

步骤 2：选择按钮，在右侧的【交互】面板中点击【新建交互】按钮，在"添加交互"下方的事件中选择"Click 时"项，如图 9-69 所示。

图 9-68　页面元件

步骤 3：在打开的"添加动作"的"元件动作"分类中选择"设置文本"项，如图 9-70 所示。

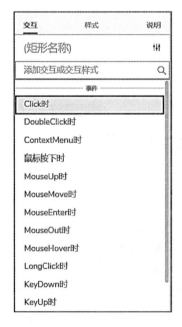

图 9-69　添加交互

图 9-70　添加动作

步骤 4：在"设置文本"的下方，选择目标为"文本标签"，"设置为"选择"文本"，"值"为"小于 10"，点击【确定】按钮，如图 9-71 所示。

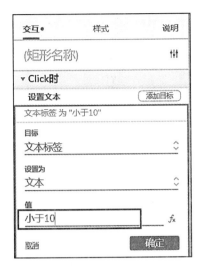

图 9-71　设置文本

图 9-72　添加用例

步骤 5：在"Click 时"事件的右侧点击【启用用例】按钮，如图 9-72 所示，在弹出的【条件设置】对话框中，点击【添加行】按钮，如图 9-73 所示。

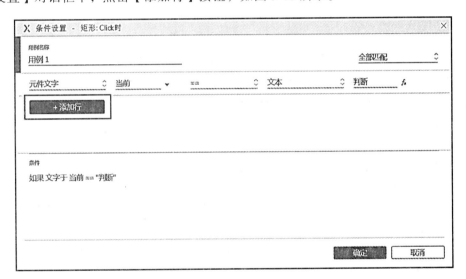

图 9-73　【条件设置】对话框

步骤 6：在新增的条件栏中的第一个下拉列表框中选择"值"，如图 9-74 所示。

图 9-74　设置条件

步骤 7：然后点击 "fx" 按钮，在弹出的【编辑文本】对话框中，点击【添加局部变量】按钮，默认变量名为 "LVAR1"，然后选择 "元件文字" 为 "文本框" 项，如图 9-75 所示。

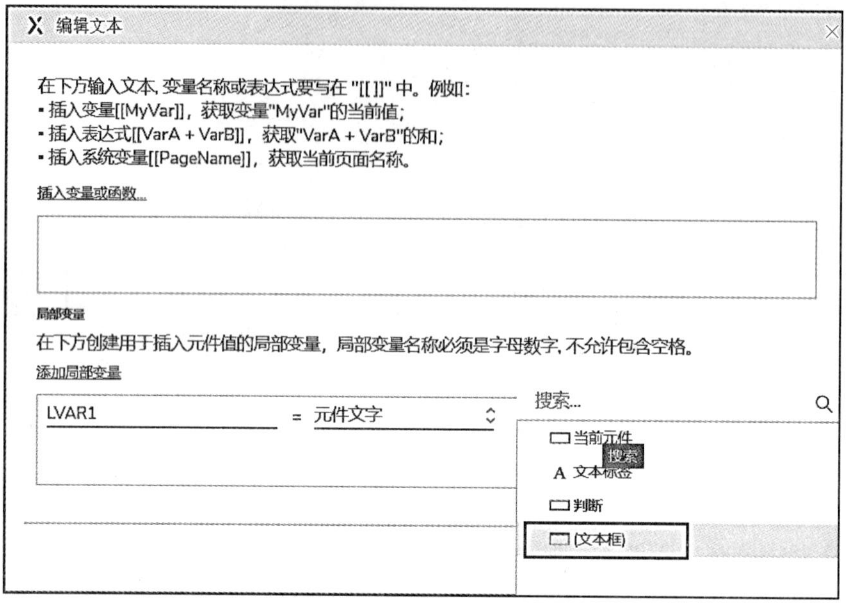

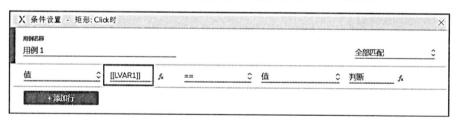

图 9-75 添加局部变量

步骤 8：接上一步，点击【插入变量或函数】按钮，在弹出的快捷菜单中选择 "局部变量" 分类中的 "LVAR1" 项，然后点击【确定】按钮，如图 9-76 所示。

图 9-76 【条件设置】中的 "值" 参数

步骤 9：选择逻辑运算符 "<" 项，在 "值" 后面的输入框中输入数字 10，点击【确定】按钮，如图 9-77 所示。

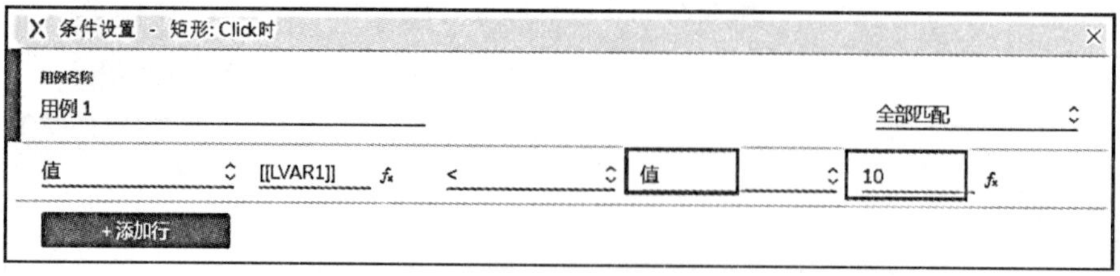

图 9-77 小于 10 的逻辑条件设置

步骤 10：在 "Click 时" 事件右侧点击【添加用例】按钮，在弹出的【条件设置】对话框中设置 "用例 2"，不添加任何条件，点击【确定】按钮，如图 9-78 所示。

步骤 11：点击 "用例 2" 下方的 "+" 按钮，在打开的 "添加动作" 中选择 "设置文本"

项，选择"目标"为"文本标签"项，"设置为"默认"文本"，"值"为"大于或等于10"信息，点击【确定】按钮，如图9-79所示。

图 9-78　添加用例 2

图 9-79　设置文本

步骤 12：设置完成后，点击【主工具栏】中的【预览】命令，在打开的浏览器网页的文本框中输入"1"，点击按钮显示结果，如图9-80所示。另外，在文本框中输入"13"，点击按钮显示结果，如图9-81所示。

图 9-80　输入数字结果 1

图 9-81　输入数字结果 2

9.4　案例演练 1：实现随机抢红包的交互功能

9.4.1　案例描述

本案例要求当点击圆心"开"按钮时，在下方随机出现 100 以内保留 2 位小数的数，该功能模拟微信中随机抢红包的交互原型，具体效果如图 9-82 所示。

9.4.2　操作说明

抢红包效果主要用到两个函数 Math.Random（）和 toFixed（）。其中，Math.Random（）得到的是 0～1 之间的任意随机数，要想得到 0～100 之间的随机数，只需 Math.Random（）*100，再将前面的作为一个整体，利用 toFixed（2）函数保留小数点后 2 位，即可得到 0～100 之间的任意保留 2 位小数的数。

图 9-82　案例效果

9.4.3 案例操作

步骤 1：在页面中创建 7 个元件，其中一个矩形元件、一个三角形元件、一个圆形元件、4 个文本标签元件，其中有一个名为"金额"的标签元件。

步骤 2：选择"开"的圆形元件，在【交互】面板中点击【新建交互】按钮，在"添加交互"下方的事件中选择"Click 时"项，如图 9-83 所示。

步骤 3：在打开的"添加动作"→"元件动作"分类中选择"设置文本"项，如图 9-84 所示。

 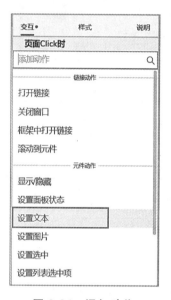

图 9-83   添加交互   图 9-84   添加动作

步骤 4：在"设置文本"的下方，选择"目标"为"金额"，"设置为"选择"文本"，在"值"的下方点击"*fx*"按钮，在弹出的【编辑文本】对话框中"插入变量或函数"按钮的下方输入框中输入"[[（Math.Random（）*100）.toFixed（2）]]"表达式，如图 9-85 所示。

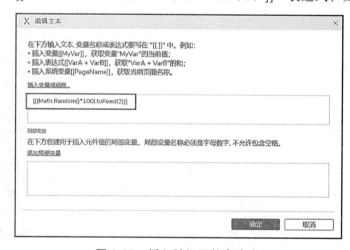

图 9-85   插入随机函数表达式

步骤 5：接上一步，点击【确定】按钮，完成"金额"文本标签的赋值，点击【完成】按钮，如图 9-86 所示。

步骤 6：设置完成后，点击【主工具栏】中的【预览】命令，在浏览器网页中用鼠标点击"开"的圆形元件，金额标签中显示 0 ~ 100 之间的随机保留 2 位小数的数，如图 9-87 所示。

图 9-86　设置文本

图 9-87　预览效果

9.5　案例演练 2：实现登录和注册同步验证的交互功能

9.5.1　案例描述

本案例实现在注册页面信息完成后，如图 9-88 所示，在登录页面中验证账号和密码是否匹配，如果用户名和密码同时正确则提示登录成功，反之，只要一个信息错误则提示登录失败，具体效果如图 9-89 所示。

图 9-88　"注册页面"效果

图 9-89　"登录页面"效果

9.5.2 操作说明

该实例主要结合使用全局变量、局部变量和插入条件等。首先需要创建两个全局变量用于分别储存用户名和密码数据信息；局部变量用于在登录页面中获取用户输入的用户名和密码文本框数据；插入条件会在【用例】中使用到，在【用例】中插入两个条件，用户名和密码同时验证成功才表示登录成功，执行登录成功的动作，否则只要有一个条件不满足则表示登录失败，执行登录失败的动作。

9.5.3 案例操作

步骤 1：点击"项目"→"全局变量"，如图 9-90 所示，在弹出的【全局变量】对话框中，创建名为"username"和"password"的两个全局变量，默认值为空，如图 9-91 所示。

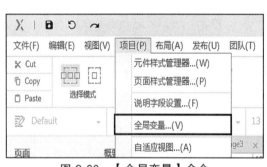

图 9-90 　【全局变量】命令 　　　　　　图 9-91 　【全局变量】对话框

步骤 2：创建两个页面名字分别为"注册页"和"登录页"，在注册页面中创建两个文本框名称分别为"reg-username"和"reg-pwd"、两个按钮名称分别为"reg"和"login"和一个文本标签的内容为"注册页面"，如图 9-88 所示。

步骤 3：在登录页面中创建两个文本框名称分别为"login-username"和"login-pwd"、两个按钮名称分别为"login"和"reg"、一个文本标签的内容为"登录页面"，如图 9-89 所示。

步骤 4：编辑注册页面，选择"注册"按钮，在【交互】面板中点击【新建交互】按钮，在"添加交互"下方的事件中选择"Click 时"项，如图 9-92 所示。

步骤 5：在打开的"添加动作"→"其他动作"分类中选择"设置变量值"项，如图 9-93 所示。

步骤 6：在打开的"设置变量值"的"目标"项中选择"username"变量，如图 9-94 所示，在"值"的下方点击"fx"按钮，在弹出的【编辑文本】对话框中，点击"添加局部变量"，设置局部变量名"LVAR1"的值为"reg-username"元件的文字，然后点击【插入变量或函数】按钮，在弹出的快捷菜单中选择"局部变量"分类中的"LVAR1"项，点击【确定】按钮，如图 9-95 所示。

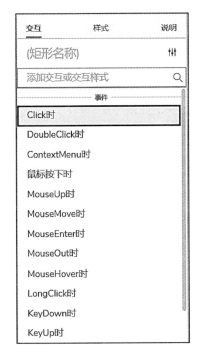

图 9-92　添加交互

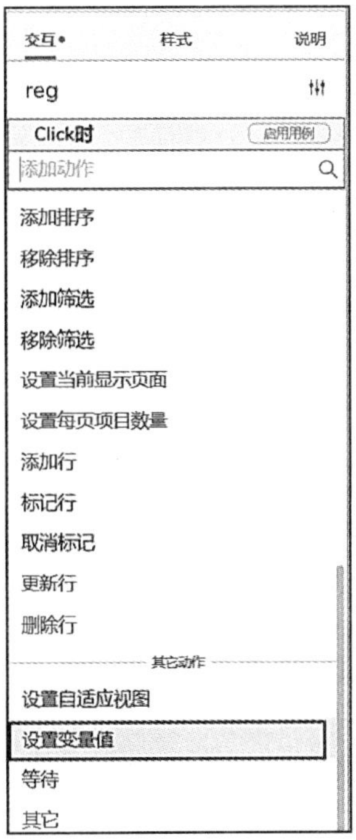

图 9-93　设置变量值

图 9-94　设置全局变量

图 9-95　【编辑文本】对话框

步骤 7：按照步骤 6 的方式，在"Click 时"事件中再添加一个条件动作，设置全局变量名为"password"的值为"reg-pwd"元件的文字。

步骤 8：点击"登录"按钮，为该按钮添加一个"Click 时"事件，条件动作选择"打开链接"，设置"链接到"的选项为"登录页"项，点击【确定】按钮。

步骤 9：双击【页面】面板中的"登录页"，在"登录页"中选择"登录"按钮，点击右侧【交互】面板中的【新建交互】按钮，在"添加交互"下方的事件中选择"Click 时"项，如图 9-96 所示。

步骤 10：在打开的"添加动作"→"其他动作"分类中选择"其他"项，如图 9-97 所示。

图 9-96　条件事件　　　　　　　　　　　图 9-97　条件动作

步骤 11：在"其他动作"→"动作描述"下方输入框中输入"登录成功"文本信息，点击【确定】按钮，如图 9-98 所示。

步骤 12：在"Click 时"事件的右侧点击【启用用例】按钮，如图 9-99 所示，在弹出的【条件设置】对话框中设置用例名为"用例 1"，点击下方的【添加行】按钮两次，新增两个条件，并分别设置两个条件的内容如图 9-100 所示。

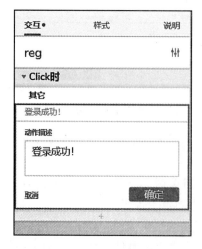

图 9-98　设置"其他动作"参数　　　　　　图 9-99　创建用例

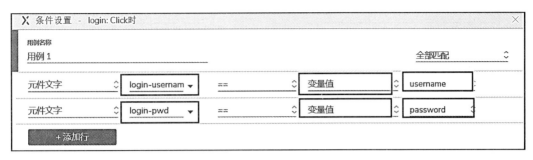

图 9-100　设置两个条件

步骤 13：在【条件设置】对话框的右上侧选择"全部匹配"项，点击【确定】按钮，如图 9-101 所示。

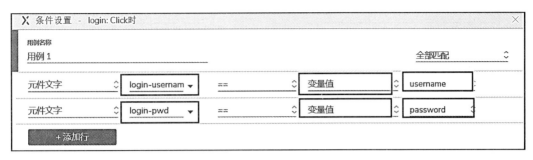

图 9-101　设置条件全部匹配

步骤 14：继续在"Click 时"事件的右侧点击【添加用例】按钮，如图 9-102 所示，在弹出的【条件设置】对话框中设置用例名称为"用例 2"，点击下方的【确定】按钮。

步骤 15：点击【交互】面板"用例 2"下方的"+"按钮，如图 9-103 所示，在打开的"添加动作"中选择"其他动作"分类中的"其他"项，在打开的"动作描述"输入框中输入"登录失败！"信息，点击【确定】按钮，如图 9-104 所示。

步骤 16：设置完成后，在【页面】面板中双击"注册页"，点击【主工具栏】中的【预览】命令，在浏览器打开的注册页中，用户名输入框输入"zhangsan"，密码框中输入"123456"，然后点击【注册】按钮，如图 9-105 所示。

步骤 17：点击【注册】按钮后，再点击【登录】按钮，页面跳转到"登录页"，然后在登录页中的"用户名"框中输入"zhangsan"，密码框中输入"123456"，点击【登录】按钮，页面弹出"登录成功！"的信息窗口，如图 9-106 所示。如果输入的用户名和密码不匹配，页面弹出"登录失败！"的信息窗口，如图 9-107 所示。

图 9-102　添加用例

图 9-103　新增用例 2 动作

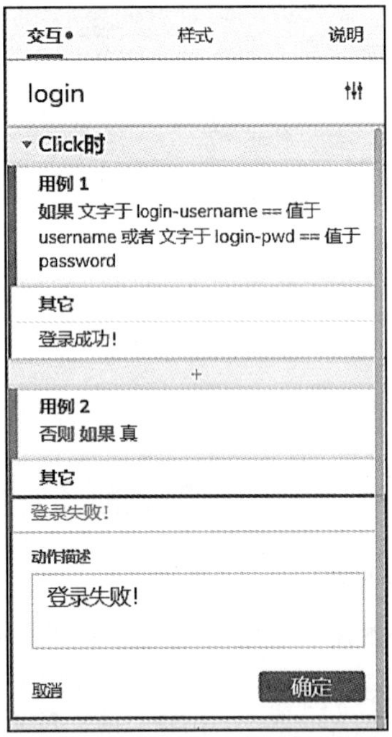

图 9-104　设置用例 2 动作

图 9-105　注册页面效果

图 9-106　"登录成功"界面

图 9-107　"登录失败"界面

■■ 本章总结

　　通过本章的学习，同学们应该熟练掌握全局变量和局部变量的含义，理解两者的不同之处，并能够使用变量实现高保真交互模型，熟练掌握常用函数的基本语法和用法。另外，熟练掌握如何在交互中插入条件，掌握逻辑条件的含义与用法，深入理解 IF 和 ELSE IF 的区别。

第 10 章　Axure RP 9 团队项目管理

▰ 本章导读

本章将学习在 Axure RP 9 中创建并管理团队项目，以便于多人协作以及团队成员之间交流和沟通，降低成本、提高原型设计效率。

▰ 学习目标

➢ 掌握创建团队项目的方法；

➢ 掌握签入和签出的使用及作用；

➢ 掌握获取团队项目的方法；

➢ 熟练掌握提交和获取团队项目变更的方法；

➢ 熟练掌握管理团队项目的方法。

▰ 知识要点

➢ 在 Axure RP 9 中创建团队项目的步骤；

➢ 团队项目中各种颜色标准的含义；

➢ 签入和签出的区别与作用；

➢ 正确使用团队项目副本。

10.1　团队项目简介

通常一个公司要研发一个项目，需要组建团队，以研发 App 产品项目为例，团队成员一般包含产品经理、设计师、工程师、测试人员和营销推广人员等。团队的大小与项目的难易程度有关，团队项目需要团队里的所有成员分工和协同工作，如何高效、科学、低成本地完成项目是需要项目团队不断探索和总结的。

目前团队项目的实施方法主要是利用互联网技术多人网上协同工作，团队项目协同工作简要流程如图 10-1 所示。

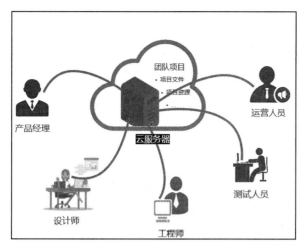

图 10-1　团队项目协作示意图

10.2　创建团队项目

要使用团队项目提高工作效率，每个项目团队成员都需要先熟练掌握团队项目的使用和管理方法以及团队项目的相关工具和命令的使用方法。

Axure RP 9 团队版和企业版都支持团队协作，可以创建和管理团队项目，即多人共同创作一个原型。在 Axure RP 中创建团队项目之前，需要注册一个账号并登录到 Axure share 中。

1．注册/登录账号

如果还没有 Axure share 账号，可以点击【主工具栏】右侧的【登录】按钮，在弹出的【登录】对话框中，选择"注册"选项卡，按照要求输入账号和密码等信息，完成注册，如图 10-2 所示。也可以加入官网进行注册操作，官网的网址为 http://share.axure.com。

注：使用 QQ 邮箱、阿里云邮箱注册，可能造成无法邀请团队成员。

图 10-2　注册和登录 Axure share 对话框

使用账号登录成功后，可以查看到自己的账号信息，还可以查看"在许可证网站编辑配置""在许可网站管理授权"和"在 axure 云中管理项目"菜单项，如图 10-3 所示。

图 10-3   成功登录 Axure share

2．创建团队协作文件

在 Axure RP 9 中创建团队项目通常有两种方法，一种是直接新建团队项目，另一种是从现有的 RP 文件创建团队项目，创建的项目一般存放在 Axure share 服务器中，具体的操作如下。

步骤 1：账户登录成功后，点击顶部【菜单栏】中的【团队】→【从当前文件创建团队项目】项，会弹出创建团队项目弹窗，如图 10-4 和图 10-5 所示。

图 10-4   "团队"菜单   图 10-5   "创建团队项目"对话框

步骤 2：在【创建团队项目】对话框的"团队项目名称"和"新建工作空间"中输入内容，然后点击【创建团队项目】按钮，保存团队项目文件完成。

10.3　使用和管理团队项目

1．邀请项目成员

创建团队协作文件后，可以打开 Axure cloud 网页，登录网站后，可以邀请项目成员加入，具体步骤如下。

步骤 1：在浏览器中输入网址：https://share.axure.com，通过账号和密码登录系统，在"WORKSPACES"工作区中点击"MANAGE USERS"下的"INVITE PEOPLE"项，如图 10-6 所示。

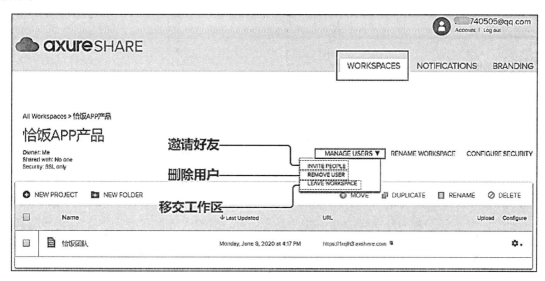

图 10-6　邀请项目成员

步骤 2：在弹出的"邀请好友"对话框中，输入被邀请项目成员在注册 Axure 时使用的邮箱账号，多个账号之间使用逗号分隔，如图 10-7 所示。

图 10-7　邀请好友

2．项目成员接受邀请

项目成员在邮件里点击接受邀请，即可进入本项目。后续项目管理者可以在项目里调出项目成员管理，控制所有项目成员的编辑、浏览权限，如图 10-8 所示。

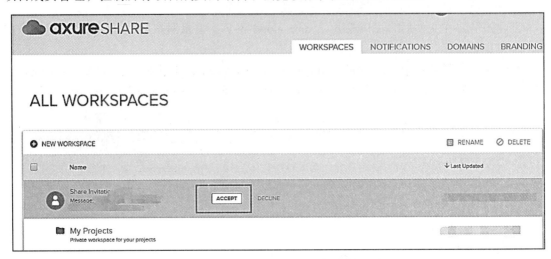

图 10-8　项目成员接收邀请

3．项目成员下载协同文件

当项目团队其他成员在通过 Axure 账号成功登录并成功下载团队项目后，在本地电脑中会生成一个 ".rpteam" 结尾的文件。

4．签出（check out）和签入（check in）团队项目

团队成员下载 RP 文件后，如果要编辑其中的一个元件、一个页面、一个母版甚至更多内容，都必须先执行【签出】（check out）命令，编辑完成后再执行【提交】或【签入】（check in）命令，才能将自己编辑的结果上传到 Axure share 服务器中。

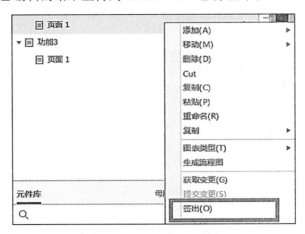

图 10-9　"签出"操作

步骤 1：编辑某一页的时候，先签出（check out），签出后右侧的蓝色标识会变成绿色，然后进入个人编辑模式，如图 10-9 所示。

步骤 2：完成团队项目修改之后，点击【提交变更】，将修改的内容提交到服务器，如图 10-10 所示，在签出但未签入项目时，团队其他成员不能编辑该部分的内容。

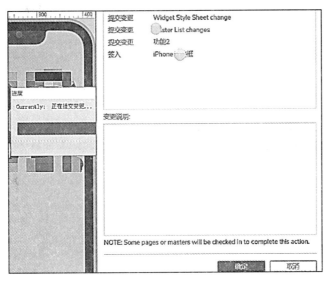

图 10-10　"提交变更"操作

步骤 3：对已【签出】的团队项目，编辑完成之后点击【签入】命令，即可上传到服务器中，如图 10-11 所示，这时团队项目的其他成员可以对【签出】项目进行编辑。

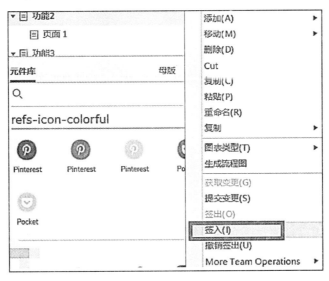

图 10-11　"签入"操作

5．浏览团队项目历史记录

在团队合作项目中，每个成员提交和签入的团队项目都会有详细的记录，通过查看这些记录，可以随时查看每个项目成员签入的团队项目和说明文字，并且可以将某些成员签入的项目导出成独立的 RP 文档。

浏览团队项目历史记录的方法是：点击【团队】菜单下的【浏览团队项目历史记录】命令，在弹出来的【浏览团队项目历史记录】对话框中指定开始和结束日期后，点击【获取】按钮，即可获取指定日期范围内的签入记录。

本章总结

通过本章的学习，同学们应该熟练掌握团队项目协作的原理与流程，并能够使用 Axure RP 9 创建自己的团队项目，要熟练掌握团队项目签入和签出的应用，能够区分提交和获取团队项目的不同之处和各自的作用，能够通过管理团队项目快速签入、签出、获取和提交等操作；能够利用团队项目的历史记录精准查找自己想要的团队项目工作状态等。

第 11 章　案例实战：桌面端的 门户类网站原型设计

▰▰ 本章导读

通过具体实例分析该网站的定位与需求，进而分析网站的功能模块以及各模块的交互设计等，并利用 Axure RP 9 软件实现该实例网站的原型设计。

▰▰ 学习目标

➤ 掌握实例产品的定位和需求分析方法；
➤ 掌握实例产品设计的规范；
➤ 掌握 Axure RP 9 软件各个功能实现交互设计的综合运用。

▰▰ 知识要点

➤ 通过具体实例进一步了解产品设计的流程；
➤ 通过具体实例了解产品设计的规范；
➤ 体会 WEB 产品设计的方法与实践。

11.1　网站的概念与定位

网站（Website）是指在因特网（Internet）上使用超文本标记语言（Hypertext Markup Language，HTML）制作的文件集合，其中网站主要的组成部分是网页。网页（Web page）一般是.htm 或.html 后缀结尾的文件，网页上呈现的信息元素十分丰富，可以包含文本、图形、图像、声音、视频、动画和超链接等元素。网站的第一个网页通常被称为是主页或者首页。网页通过浏览器进行阅读，目前主流的浏览器有：Edge、Chrome、Firefox 等。

网站定位就是确定网站的风格特征、特定的使用场合和面向群体。网站定位要确立网站在 Internet 上扮演什么角色，要向目标群（浏览者）传达什么样的核心概念，透过网站发挥什么样的作用。因此，网站定位相当关键，一个网站的架构、内容、表现等都围绕网站定位展开。

本章我们以"KF 网"的首页作为桌面端门户网站原型设计的案例。"KF 网"是成都锦城学院文学与传媒学院的官方网站，面向群体为全体文传师生、用人单位、高三学生及其家长等，功能为宣传学院信息，风格需简洁明了、清新素雅。

11.2　网站的需求分析

"KF 网"的功能是宣传学院信息，包括学院介绍、师资队伍、教学管理、研究机构、学生工作、实习实训以及学院新闻等栏目。

"KF 网"的首页需要展示网站主体信息、各栏目的链接、最新新闻动态、滚动消息速报等。

11.3　网站的功能模块分析

"KF 网"首页以学校风景为背景图片，页面居中。包含 4 大功能模块：

- LOGO（展示网站主体信息）；
- 菜单（可链接各一级栏目和子栏目）；
- 新闻快递（展示学院最新的推荐新闻）；
- 滚动消息（消息速报，文字滚动展示）。

页面模块构成如图 11-1 所示。

图 11-1　首页模块分析

11.4　网站主要页面的原型设计

1．打开项目及页面

启动 Axure RP 9 软件后，打开第 2 章的案例原型项目，并打开页面"KF 网首页"。

2．设置页面样式

（1）设置背景图片。

点击画布的空白处，在"样式"面板中，设置"填充（Fill）"为"图片"，点击"选择"打开文件浏览器，导入背景图片。

（2）页面对齐方式：居中。

点击画布的空白处，在"样式"面板中，设置"页面对齐（Page Align）"方式为"居中"，如图 11-2 所示。

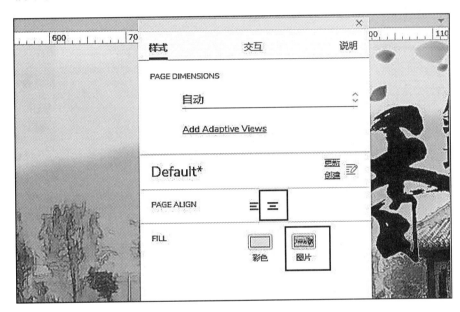

图 11-2　页面样式

3．添加 LOGO 图片

（1）从元件库拖入图片元件，双击图片元件，打开本地文件浏览器，选择夸父网 LOGO 图片导入。

（2）设置图片尺寸：宽 272px，高 700px，如图 11-3 所示。

4．添加菜单

（1）拖入菜单。

从元件库拖入"垂直菜单"，位置与 LOGO 图片靠近、顶部对齐；右键单击菜单最后一项，选择"后方添加菜单项"，如图 11-4 所示，共 7 个一次菜单；设置各一级菜单项样式：宽 180px，高 100px，填充颜色为深灰色与黑色交替，文字颜色为白色，字体为微软雅黑，字体大小为 16px。

图 11-3　添加 LOGO 图片

图 11-4　添加菜单

（2）添加子菜单。

鼠标右键单击各一级菜单项，选择"添加子菜单"。各子菜单列表为：学院介绍（我院简介、专业介绍、学院院长），师资队伍（学术带头人、教授、副教授、讲师），教学管理（教务管理、教研室活动），学生工作（学生活动、优秀学子），实习实训（校内实训平台、校外实习基地），培养成果（考研留学、竞赛获奖、晒就业、学生文集），头条学院（头条学院介绍、课程设置、学生成绩）。

设置子菜单项样式：宽 180px，高 40px，填充颜色为白色，文字颜色为黑色，字体为微软雅黑，字体大小为 13px。

（3）设置菜单交互样式。

分别选择各一级菜单项，在"交互"面板中，单击"鼠标悬停交互样式（MouseOver Style Effect）"，在展开的样式中设置：填充颜色为橙色（#FF9900），字体颜色为黑色。

（4）设置菜单项链接。

分别选择各菜单项，在"交互"面板中单击"新建交互"，选择事件"鼠标单击时"，在该事件下添加动作"打开链接"，选择对应的目标页面，如图 11-4 所示。

5．新闻快递

（1）拖入矩形：从元件库拖入矩形到菜单右方；设置矩形样式：宽 650px，高 350px，圆角 15px，填充颜色为灰色。

（2）拖入文本：从元件库拖入二级标题到矩形上方，修改文字为"新闻快递 News"。

（3）拖入矩形：在"新闻快递 News"右边拖入一个矩形，修改文字为"+查看更多"；设置样式：宽为 100px，高为 25px，填充颜色为橙色（#FF9900），圆角为 30px。

（4）拖入中继器。

从元件库拖入中继器到"新闻快递 News"文本下方，双击中继器，进入中继器编辑模式。

（5）编辑中继器项目。

- 删除中继器项目中的矩形；
- 拖入图片元件到中继器项目，设置样式：宽 306px，高 250px；
- 拖入"矩形 3"元件到中继器项目，设置样式：宽 306px，高 40px，填充颜色为黑色，文字颜色为白色，如图 11-5 所示。
- 点击画布右上角的"关闭"，退出中继器编辑。

（6）设置中继器数据集。

- 选中中继器，在"样式"面板中找到"数据集"；
- 修改数据集列名称：第 1 列为"img"，第 2 列为"title"；
- 在数据集第 1 行第 1 列单击鼠标右键，选择"导入图片"，添加一张新闻封面图，在第 1 行第 2 列双击，编辑新闻标题；
- 参照上一步骤，添加第 2 行的新闻封面图和新闻标题；
- 删除第 3 行。

图 11-5　中继器项目

（7）设置中继器排布样式。

修改中继器排布方式为"水平"，每行项目数为 2；修改间距：列为 10px，如图 11-6 所示。

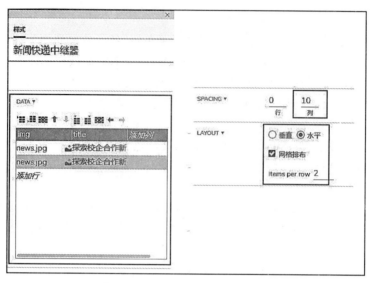

图 11-6   中继器数据集及排布

（8）在中继器项目中显示数据。

在中继器项目中的图片元件上显示数据集图像：① 在中继器的"交互"面板配置"每项加载时"事件，添加动作"设置图片"；② 元件选择中继器里的图片；③ 在"设置默认图片"下拉列表中选择"值"；④ 然后单击"值"字段右侧的 fx 图标；⑤ 在出现的"编辑值"对话框中单击"插入变量或函数"；⑥ 在下拉菜单的"中继器/数据集"部分选择"Item.img"，单击"确定"，如图 11-7 所示。

图 11-7   将数据集中图片显示在中继器上

在中继器项目中的矩形元件上显示数据集文本：① 在中继器的"交互"面板配置"每项加载时"事件，添加动作"设置文本"；② 元件选择中继器里的矩形；③ 在"设置为"下拉列表中选择"文本"；④ 然后单击"文本"字段右侧的 fx 图标；⑤ 在出现的"编辑文本"对话框，单击"插入变量或函数"；⑥ 在下拉菜单的"中继器/数据集"部分中，选择"Item.title"，单击"确定"。

现在，来自数据集的图片和文本就显示在中继器项目中的目标元件上，如图 11-8 所示。

图 11-8　在中继器项目中显示数据

6．滚动新闻

（1）拖入矩形。

从元件库拖入一个矩形到页面下方，样式为：宽 1170px，高 50px，填充为灰色（#F2F2F2），圆角 13px。

（2）拖入动态面板。

从元件库拖入一个动态面板搭配矩形上方，样式为：宽 1140px，高 40px。

双击画布上的动态面板进入状态编辑模式，从元件库拖入文本标签到动态面板，双击编辑文本标签的文字："探索校地合作新路径 构建产教融合新模式 发挥校地优势 促进互利共赢——我院与峨眉山市符溪镇签订合作协议 CCTV 发现之旅走进锦大全省首届大学生文创作品大赛颁奖典礼在川师大举行 文传学子杨洋获'最具投资潜力奖'文学与传媒学院 ｜博文约礼 致知力行"；

观察到文本标签的宽度为 2086px，关闭状态编辑模式。

（3）设置动态面板文字移动。

选中画布上的动态面板，在"交互"面板添加"载入时"事件，并在该事件下添加动作"移动"。

选择移动的目标为动态面板里的文本标签。

移动：By，x 值为"-946"（注：2086-1140=946，往左移动，所以 X 轴值的变化为-946）；动画：线性（linear），30 000 毫秒。

7．预览页面

点击功能菜单上的"预览"命令，在浏览器中预览页面效果，如图 11-9 所示。

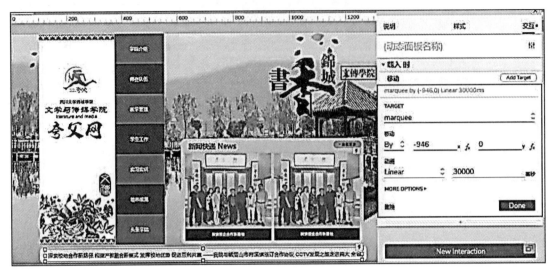

图 11-9　设置动态面板文字滚动

8．生成 HTML

选择"发布"菜单下的"生成 HTML"文件，在弹出的"发布项目"对话框中选择保存网页的本地文件夹，点击"发布"，如图 11-10 所示。

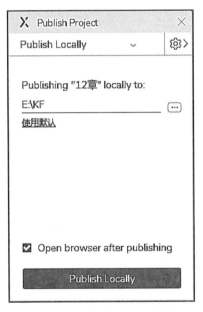

图 11-10　生成 HTML 文件

本章总结

本章通过"KF 网"首页的制作，回顾了页面样式设置、图片、菜单、中继器、动态面板、矩形和文本标签元件的使用及设置。

第12章　案例实战：移动端的社区类 App 交互原型设计

本章导读

通过具体实例分析该移动产品的定位与需求，进而分析该移动产品的功能模块以及各模块的交互设计等，并利用 Axure RP 9 软件实现该移动产品的原型设计。

学习目标

➤ 掌握实例产品的定位和需求分析方法；
➤ 掌握实例产品设计的规范；
➤ 掌握 Axure RP 9 软件各个功能实现交互设计的综合运用。

知识要点

➤ 通过具体实例进一步了解产品设计的流程；
➤ 通过具体实例了解产品设计的规范；
➤ 体会移动 App 产品设计的方法与实践。

12.1　产品的概念与定位

1．产品介绍

本案例产品名称拟为 GoodThings，它是一款专为年轻人设计的集好物社交、分享与购物于一体的手机 App 产品，主要是为用户提供好物资讯、动态、分享等信息，以及与好物有关的周边产品销售。同时，我们也加入了群体的社交元素，基于好物的各个群体可以在 App 的广场上找到有相同爱好的朋友，并通过软件进行互动交流。

2．产品定位

产品定位于好物商品与线上营销，精准用户与商家入住的电商公司。

12.2　产品的核心竞争力

1．社区特色

由于"好物分享"主要以内容贡献者为核心，圈子用户的去留很大程度上取决于 App 对于内容贡献者的管理，内容贡献者的留存对于 App 运营人员的要求比较高。其他电商 App 社区的超级用户间不能相互关注，而这款产品既可以关注商家也可以和其余用户进行互动，所以 GoodThings 可以更好地服务于消费群体。

2．好物足迹社交

以一种全新的不同于图片/文字等传统内容创作的形式，提供以时间线的形式追踪好物的足迹，用户之间可以基于这些功能和自己所喜欢的好物与他人进行互动交流，通过记录好友间共同喜欢的好物，用更方便简洁易于上手的图片编辑功能，以此培养平台内第一批原创图片生产者，打造一个"图片自媒体"平台的特殊社区文化。

3．内容电商

（1）GoodThings 专门设置"商场"栏目，用来售卖好物的相关周边产品、好物同款产品等一系列商品，并对相关好物进行关联，从而进行精准引流。

（2）GoodThings 可以对各平台、商家官方账号进行认证，对商品本身有用户保障，更容易赢得用户的信任。

12.3　产品的商业模式

1．周边售卖

GoodThings 有专设的"商场"栏目用于出售各好物产品，各认证商家可以通过 GoodThings 售卖各类好物商品等，认证用户粉可以通过 GoodThings 进行好物的上架与售卖，GoodThings 会从中收取一小部分平台分成。

2．广告推广

用户可以通过 GoodThings 开屏以及 GoodThings 首页的"推荐"栏目对商家进行宣传推广，GoodThings 从中收取推广费用。

3．会员充值

用户可以通过充值 GoodThings 会员来享受更多的权益，比如免费下载高清原图、无水印视频、购买产品折扣、提现免手续费（限定金额）等一系列特权。

4．钱包提现

GoodThings 有单独的"钱包"，各认证用户、商家以及官方进行产品售卖后，所收益的金额是存入钱包，GoodThings 从中收取提现费用。

12.4　产品结构的五大模块分析

本社区类产品结构主要包含 5 大模块：用户、内容、互动、成就和利益，各模块之间的关系图如图 12-1 所示。

1．用户模块

不同的用户类型对应不同的用户行为、心理以及操作权限，在本社区类 App 产品中，主要包括游客和登录用户两类用户。

游客用户的主要权限：浏览器基本页面、分享页面和注册功能。

登录用户的主要权限：除了游客用户拥有的权限以外，还有点赞、评论、收藏、认证用户、定位功能、存钱和提现等功能。

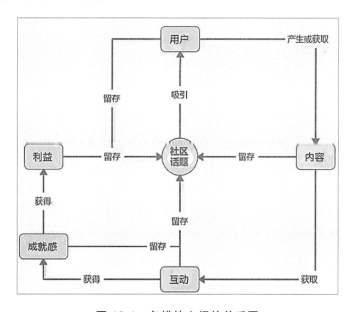

图 12-1　各模块之间的关系图

2．内容模块

内容决定了该社区产品的调性和用户，是影响用户是否愿意留存在平台之中的重要因素，该模块包括内容生产与内容推荐机制两个部分。

内容生产包括用户生成内容（User-generated Content，UGC）和专业生产内容

（Professionally- generated Content，PGC）两种模式。其中，UGC 主要由登录用户将自己原创的内容发布到平台中。PGC 用户主要是一些认证用户，发布一些优质或权威的内容。

内容推荐机制常用频道和推荐两类。频道主要包含频道和子栏目两种硬划分和标签软划分相结合的方式，标签可以划分到不同的频道和栏目中，所以属于软划分。推荐主要包括算法和人工两种推荐，常见的算法推荐有按浏览量、按热度、按点赞量、按销售量、按打卡地数量排名等，人工推荐常有发送到某个频道、发送到首页和购买广告位等。

3．互动模块

互动模块可以让用户进行互动操作，增强用户与内容、发布用户与回复用户的交互感。互动的形式有多种，该产品的互动模块包括关注、评论、点赞、收藏、消息通知和购买等。通过这些互动使用户具有认同感和成就感。

4．成就模块

成就模块是让用户获得更多的成就感和荣誉感，让用户在社区找到存在感，该模块主要来源于互动模块的结果。该产品设计的成就模块主要包括：参与活动数、用户等级、同款打卡数、被点赞数、被浏览数、被评论数和被收藏数等。

5．利益模块

利益模块包括精神和物质两部分的利益，目的是让内容生产用户更加积极并源源不断地提供优质内容。该模块主要的设计有：引流到首页推荐、周边|集资体现、等级|打卡数奖励、享受会员权益等。

12.5 产品的页面结构设计

该产品的页面结构设计主要分为"首页""商城""社区""关注"和"我"5 个功能主菜单，每个主菜单下有相应的子功能模块。

1．"首页"页面结构

"首页"主菜单包括的功能有：头像及定位、搜索、频道分类、推荐、资讯、音视频和图片等，具体功能包含的属性如下。

（1）搜索：提供热门搜索和历史搜索两项。

（2）频道分类：内地、香港、台湾和国外等分类。

（3）推荐：推广位、每日推荐、广告位推荐、推荐商品、推荐资讯、推荐音视频和推荐图片。

（4）资讯：发布人物信息、发布时间、资讯标题、资讯配图。

（5）音视频：发布人信息、发布时间、音乐标题、音乐配图、视频标题、视频配图。

（6）图片：发布人信息、发布时间、图片配文和图片地址。

2. "商城" 页面结构

"商城" 菜单包括的功能有：搜索、推荐、商品和活动，具体功能包含的属性如下。

（1）搜索：提供热门搜索和历史搜索两项。

（2）推荐：广告推荐 banner、好物相关、更多推荐。

（3）商品：发布人信息、商品图片、价格、商品状态、销售数量等。

（4）活动：活动发起人、活动图片、活动标题、价格、售卖数量、活动状态。

3. "社区" 页面结构

"社区" 菜单包括的功能有：消息、发布、关注人动态和广场，具体功能包含的属性如下。

（1）消息：@我的、好物评论、好物赞、评论、赞、转发。

（2）发布：图片、音视频、文章。

（3）关注人动态：关注人头像、关注人 ID、动态发布时间、转评赞数量和分享。

（4）广场：发布人头像、关注按钮、发布内容、转评赞。

4. "关注" 页面结构

"关注" 菜单包括的功能有：好物足迹、榜单和粉丝，具体功能包含的属性如下。

（1）好物足迹：好物名称、上架时间、地点、足迹、时间轴、打卡。

（2）榜单：淘物榜、好物售卖排行榜、好吃嘴排行榜、热度排行榜。

（3）粉丝：总粉丝数、微博粉丝、抖音粉丝、ins 粉丝等。

5. "我" 页面结构

"我" 菜单包括的功能有：设置、昵称、ID、好吃嘴、订单、购物车、钱包等，具体功能包含的属性如下。

（1）设置：意见反馈、账号安全、通知设置、版本更新、多语言设置和清理缓存。

（2）个人信息：修改头像、修改昵称、性别、ID、生日、签名和认证。

（3）钱包：提现、充值和零钱明细。

12.6　产品主要页面线框图设计

产品主要页面线框图设计是指以产品的需求、定位和功能模块设计等环节为基础，通过安排和选择界面元素来整合界面设计，向团队和利益相关者展示产品将包含的页面和组件，以及这些元素之间的相互作用。该产品部分页面的线框图如下：

1．"首页"部分线框图

通过对"首页"页面的功能模块和组成元素进行分析，将"推荐""频道""资讯""音视频""图片""轮播图""今日推荐"等元素进行编排与规划，形成线框图，如图 12-2 所示。

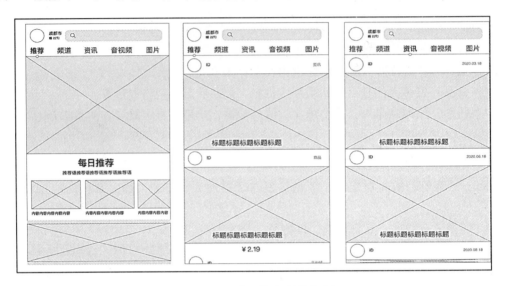

图 12-2　"首页"相关线框图

2．"商城"部分线框图

通过对"商城"页面的功能模块和组成元素进行分析，将"推荐""商品""活动""广告位""商品价格""售卖数量""好物相关"和"更多商品"等元素进行编排与规划，形成线框图，如图 12-3 所示。

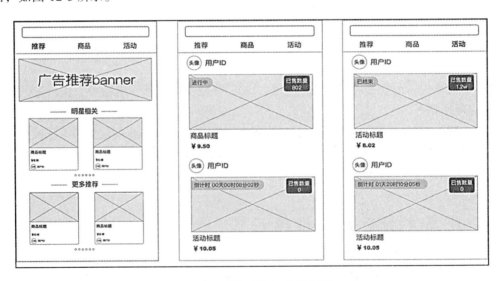

图 12-3　"商城"相关线框图

3．"社区"部分线框图

通过对"社区"页面的功能模块和组成元素进行分析，将"广场""关注""消息""好物评论""好物赞""文章""音视频"等元素进行编排与规划，形成线框图，如图 12-4 所示。

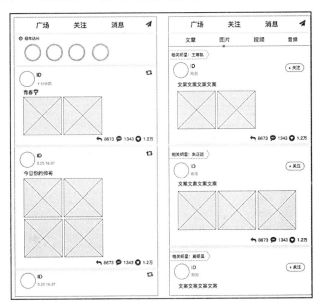

图 12-4　"社区"相关线框图

4．"关注"部分线框图

通过对"关注"页面的功能模块和组成元素进行分析，将"足迹""动态""榜单""打卡"等元素进行编排与规划，形成线框图，如图 12-5 所示。

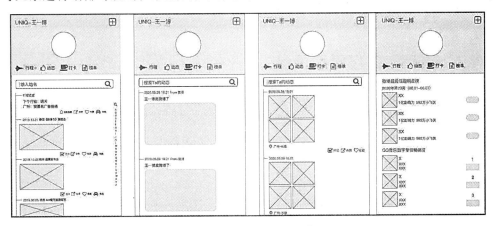

图 12-5　"关注"相关线框图

5．"我"部分线框图

通过对"我"页面的功能模块和组成元素进行分析，将"设置""昵称""ID""订单""购物车""钱包"和"我的里程碑"等元素进行编排与规划，形成线框图，如图 12-6 所示。

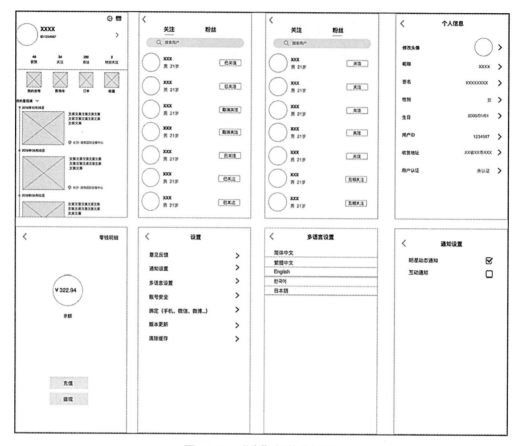

图 12-6　"我"相关线框图

12.7　产品主要功能的交互原型设计

12.7.1　"首页"交互原型设计

首页是一个产品的封面页,为用户提供较为全面的信息展示,首页的最终效果图如图 12-7 所示。

"首页"是怎么做出来的呢?答案是"拼图",也就是说,设计师在 Photoshop 中完成素材的制作,比如文本、按钮、图片和装饰图标等,然后在 Axure RP 9 中完成布局、对齐和元件的交互功能。

"首页"由顶部区、栏目区、轮播区、每日推荐、图文区和底部导航主菜单部分组成。

1．顶部区设计

顶部区包括圆形头像、地区天气和搜索框。在 Axuer RP 9 中进行顶部区设计的具体操作步骤如下:

图 12-7　首页效果图

步骤 1：从元件库中创建图片元件，将本地的 png 格式的圆形图片载入。

步骤 2：创建两个文本标签元件，分别输入默认内容"成都"和"晴 22℃"。

步骤 3：创建一个矩形元件，将矩形的宽和高分别设置为"248px"和"31px"，另外将圆角半径设置为"20px"。

步骤 4：在"Icons"库面板中创建一个放大镜图标，放置在矩形的内部左侧位置。

步骤 5：创建一个文本框元件，在文本框中输入"请输入关键字"，然后将文本框的样式中的"线段"的"宽"设置为"0"。

2．栏目区设计

栏目区包括推荐、频道、资讯、音视频和图片链接文本，默认选择的是推荐栏目，被选中的栏目下方有一条白色的线。在 Axuer RP 9 中进行栏目区设计的具体操作步骤如下：

步骤 1：创建 5 个文本标签，分别修改文字为"推荐""频道""资讯""音视频"和"图片"，大小统一设置为 18px，设置它们的初始对齐方式为顶部对齐，水平分布排列。

步骤 2：选择 5 个文本标签，点击右侧【交互】面板中的【新建交互】按钮，在下方"交互样式"分类中的"选中"事件项，在打开的配置项中点击"更多样式选项"按钮，在弹出的【交互样式】对话框中，勾选"粗体"，勾选"边框宽度"设置值 4，勾选"边框类型"设置类型为"实线"，勾选"边框可见性"设置为只有下方可见，点击【确定】按钮，如图 12-8 所示。

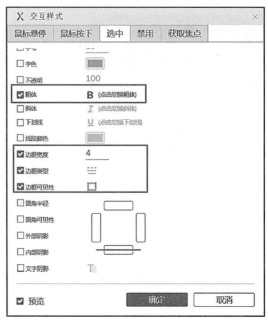

图 12-8　"交互样式"对话框

步骤 3：接上一步之后，再点击【样式】面板，设置底部区域的"边距"属性的"底部"值为"20px"。

步骤 4：保持 5 个文本标签同时被选中状态，单击鼠标右键，在弹出的快捷菜单面板中选中"选项组"项，在弹出的"选项组"对话框中的"组名称"输入框中输入"menu"，点击【确定】按钮，如图 12-9 所示。

步骤 5：选中"推荐"文本标签，点击右侧【交互】面板中的【添加交互】按钮，选中"Click"事件，在打开的配置面板中选择"元件动作"分类中的"设置选中"项，并设置目标元件为"当前元件"，"设置"项为"值"，"到达"项为"真"，如图 12-10 所示。

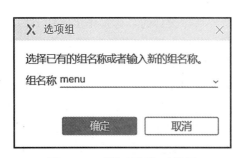

图 12-9　"选项组"对话框　　　　　　　　图 12-10　设置"推荐"标签的交互

步骤 6：复制"推荐"标签的"Click"交互，然后，分别把该事件粘贴到另外 4 个文本标签的交互中，如图 12-11 和图 12-12 所示。

图 12-11 复制"Click"交互   图 12-12 粘贴"Click"交互

步骤 7：选中"推荐"文本标签，单击鼠标右键，在弹出的快捷菜单中选择"选中"项，将该元件初始设置为选中状态，如图 12-13 所示。

图 12-13 设置元件初始为选中状态

步骤 8：设置完成后，点击【主工具栏】中的【预览】命令，在打开的浏览器网页中点击查看不同栏目的交互效果，如图 12-14 所示。

图 12-14 浏览器预览结果

3. 轮播区设计

轮播区包括 4 张图片，当左滑动图片结束时，当前图片向左滑动；当右滑动图片结束时，当前图片右滑动。在轮播的中下区域有 4 个小圆点，点击图片下的小圆点，图片自动切换到对应的画面。

在 Axuer RP 9 中进行轮播区设计的具体操作步骤如下：

步骤 1：创建一个动态面板，并为该动态面板添加 4 个状态，分别在不同状态中插入一张图片。

步骤 2：再创建 4 个无边框的正圆形元件，长和宽都为 "7px"，如图 12-15 所示。

图 12-15   "轮播图"布局设计

步骤 3：选择动态面板，在右侧的【交互】面板中点击【添加交互】按钮，在打开的"添加事件"中选择"SwipeLeft 时"（左滑动结束时）事件，在"添加动作"中选择"设置动态面板"项，在打开的"移动动作"配置参数中，设置"目标"为"当前"元件，"状态"项设置为"下一项"，勾选"向后循环"复选框按钮，"进入动画"和"退出动画"统一设置为"向左滑动""500"毫秒的动画时长，如图 12-16 所示。

步骤 4：选择动态面板，在右侧的【交互】面板中点击【添加交互】按钮，在打开的"添加事件"中选择"SwipeRight 时"（右滑动结束时）事件，在"添加动作"中选择"设置动态面板"项，在打开的"移动动作"配置参数中，设置"目标"为"当前"元件，"状态"项设置为"上一项"，勾选"向后循环"复选框按钮，"进入动画"和"退出动画"统一设置为"向右滑动"和"500"毫秒的动画时长，如图 12-17 所示。

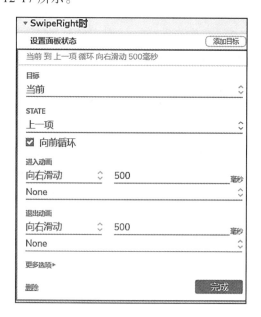

图 12-16 设置右滑动交互   图 12-17 设置左滑动交互

步骤 5：选择第一个正圆形元件，点击右侧【交互】面板中的【新建交互】按钮，在"添加交互"下方的事件中选择"Click 时"项，如图 12-18 所示。

步骤 6：在打开的"添加动作"→"元件交互"分类中选择"设置动态面板"项，在打开的配置面板中设置动态面板的"状态"值为"状态 1"，"进入动画"和"退出动画"统一设置为"逐渐"和"500"毫秒的动画时长，如图 12-19 所示。

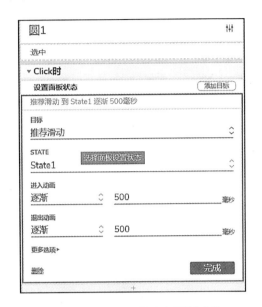

图 12-18　添加交互　　　　　　　　　图 12-19　设置动态面板动作

步骤 7：分别按照步骤 5 的操作，给另外 3 个圆形元件添加交互，第二个元件的交互是"Click"事件后，让动态面板逐渐切换到状态 2 等。

步骤 8：设置完成后，点击【主工具栏】中的【预览】命令，在打开的浏览器网页中点击不同栏目的交互效果，如图 12-20 所示。

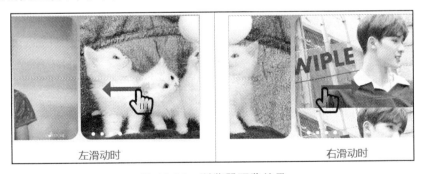

图 12-20　浏览器预览结果

4．每日推荐区设计

每日推荐区主要包含图文内容，将图片和文本对应地放置在页面上，按照统一的排版和间距，该部分较为简单不进行操作。

5．导航主菜单设计

导航主菜单有 5 项：首页、商城、关注、社区和我。在 Axuer RP 9 中进行导航菜单设计的具体操作步骤如下：

步骤 1：点击左侧的【icons】面板，创建 5 个 icons 图标在页面中，如图 12-21 所示。

步骤 2：在每个图标的下方创建一个文本标签，分别为"首页""商城""关注""社区"和"我"，如图 12-22 所示。

图 12-21　创建 icons 图标

图 12-22　创建文本标签

步骤 3：将对应的图标和文字合并为一个组（快捷键：Ctrl+G），变成一个整体。

12.7.2　商品列表交互原型设计

商品页主要呈现售卖的好物商品列表，为用户提供查找和选购商品的功能，商品页的最终效果图如图 12-23 所示。

图 12-23　首页效果图

设计师在 Photoshop 中完成素材的制作，比如文本、按钮、图片和装饰图标等，然后在 Axure RP 9 中完成布局、对齐和元件的交互功能。

"商品"页由顶部区、栏目区、轮播区、每日推荐、图文区和底部导航主菜单部分组成。"商品"页和"首页"的内容有区别，特别是商品列表的制作，会用到 Axure 中的中继器元件来生成商品列表信息。

1．顶部区设计

顶部区只有一个搜索框，在 Axuer RP 9 中的具体设计步骤与上节一致。

2．栏目区设计

栏目区包括"推荐""商品"和"活动"3 个栏目，默认呈现"推荐"栏目页中的内容，在 Axuer RP 9 中的具体设计步骤与上节一致。

3．轮播区设计

轮播区的交互设计与上节中的轮播区实现步骤一致。

4．相关商品区设计

商品列表区主要展现商品的图片、商品标题、价格、发布者的头像、发布者的名称。在 Axuer RP 9 中进行相关商品区设计的具体操作步骤如下。

步骤 1：在页面中创建一个中继器元件，双击中继器元件，进入中继器项的界面，从【元件】面板中拖拽 2 个图片元件、3 个文本标签，并将其分别命名为"img""title""value""userimg"和"username"，如图 12-24 所示。

步骤 2：选择中继器，在右侧【样式】面板的数据集中创建 5 列，并将其分别命名为"img""title""value""userimg"和"username"，与之前的 5 个元件名称一致，然后在每一行中新增这 5 项数据，单击"img"列中的行右键，选择"导入图片"。按照相同操作在"userimg"中导入图片，其他 3 项输入文本信息，按照相同的操作新增 6 条数据，如图 12-25 所示。

图 12-24　编辑中继器项

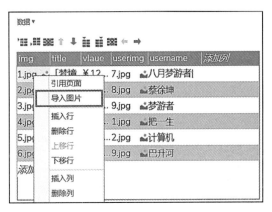

图 12-25　创建中继器的数据集

步骤 3：选择中继器，在右侧的【交互】面板中默认状态中继器创建了一个"ItemLoad时"事件，将该事件下的所有动作清空，然后添加 3 个设置文本动作和 2 个设置图片动作，设置文本动作"title"元件与中继器中的列"title"相关联；"value"元件与中继器中的列"value"相关联；"username"元件与中继器中的列"username"相关联；设置图片动作"img"元件与中继器中的列"img"相关联；设置图片动作"userimg"元件与中继器中的列"userimg"相关联。

步骤 4：选择中继器，点击右侧的【样式】面板，勾选"布局"项中的"垂直"单选按钮，勾选"网格排布"多选按钮，输入"每列项数量"的值为"3"，如图 12-26 所示。

图 12-26　设置中继器样式

步骤 5：点击【主工具栏】中的【预览】命令，在浏览器打开页面预览效果，如图 12-27所示。

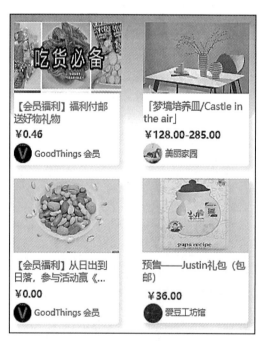

图 12-27　预览效果

12.7.3　购物车页面交互原型设计

"购物车"页是用户已选定商品，准备购买的商品信息页，购物车所呈现的商品内容包括商品名称、价格、图片、描述和数量等。购物车页的最终效果图如图 12-28 所示。

图 12-28　购物车效果

"购物车"页由顶部区、购物车商品和结算区 3 个部分组成。购物车商品列表会用到中继器元件，商品结算时会用到变量和函数。

1．顶部区设计

顶部区包含返回按钮、购物车和管理按钮，具体制作步骤按照效果图创建 3 个元件，分别放置到页面中。

2．购物车商品区设计

购物车商品区包括单选按钮、商品名称、商品图片、商品描述、商品类型、价格和购买数量。其中，单选按钮默认勾选上，商品数量值为"1"。在 Axuer RP 9 中进行购物车商品区设计的具体操作步骤如下。

步骤 1：在页面中创建一个中继器元件，双击中继器元件，进入中继器项的界面，从【元件】面板中拖拽 1 个单选按钮、1 个图片元件、5 个文本标签和 2 个按钮，单选按钮命名为"select"，图片命名为"img"，商品标题命名为"title"，商品描述命名为"desc"，商品类型命名为"type"，商品价格命名为"value"，商品数量命名为"numb"，减少的按钮命名为"minus"，增加的按钮命名为"add"，如图 12-29 所示。

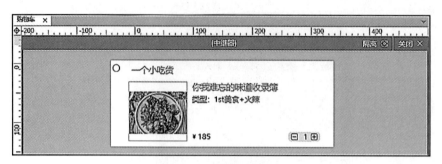

图 12-29　编辑中继器项

步骤 2：选择中继器，在右侧的【样式】面板的数据集中创建 5 列，并将其分别命名为 "title" "img" "desc" "type" "value" 和 "numb" 与之前的元件名称一致，然后在每一行中新增这 6 项数据，单击 "img" 列中的行右键，选择 "导入图片"，其他 5 项输入文本信息，按照相同的操作新增 4 条数据，如图 12-30 所示。

步骤 3：选择中继器，在右侧的【交互】面板中默认状态中继器创建了一个 "ItemLoad时" 事件，将该事件下的所有动作清空，然后添加 5 个设置文本动作和 1 个设置图片动作，设置文本动作 "title" 元件与中继器中的列 "title" 相关联；"desc" 元件与中继器中的列 "desc" 相关联；"type" 元件与中继器中的列 "type" 相关联；"value" 元件与中继器中的列 "value" 相关联；"numb" 元件与中继器中的列 "numb" 相关联；设置图片动作 "img" 元件与中继器中的列 "img" 相关联，如图 12-31 所示。

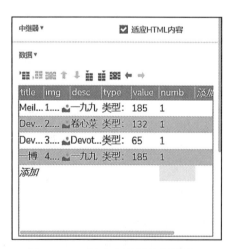

图 12-30　创建中继器的数据集

图 12-31　数据关联设置

步骤 4：双击中继器进入数据项编辑界面，为 "递减按钮" 添加交互，选中名为 "minus" 的按钮，点击右侧【交互】面板中的【添加交互】按钮，在 "添加交互" 下方的事件中选择 "页面 Click 时" 项，如图 12-32 所示。

步骤 5：在打开的 "添加动作" → "元件动作" 分类中选择 "设置文本" 项，如图 12-33 所示。

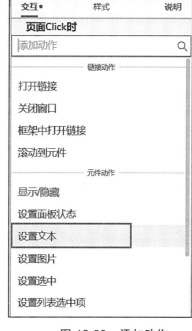

图 12-32　添加交互　　　　　　　　　图 12-33　添加动作

步骤 6：在"设置文本"的下方，选择目标为"numb"，"设置为"选择"文本"，点击"fx"按钮，在弹出的【编辑文本】中，添加一个局部变量"LVAR1"，在"="的右边选择"元件文字"，选择名称为"numb"的元件，然后点击"插入变量和函数"按钮，在弹出的快捷菜单中选择"局部变量"分类中的"LVAR1"项，修改表达式为"[[LVAR1-1]]"，如图 12-34 所示。点击【确定】按钮，如图 12-35 所示。

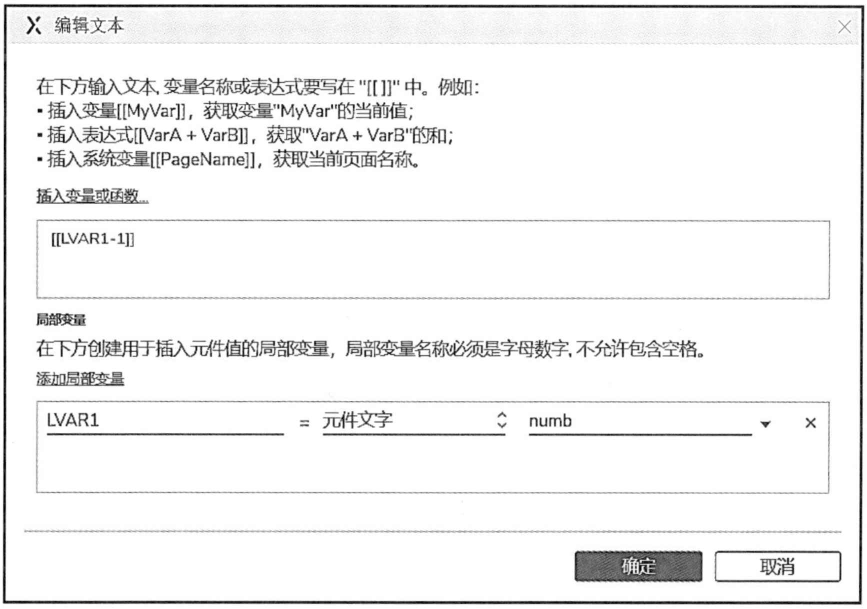

编辑文本

在下方输入文本，变量名称或表达式要写在 "[[]]" 中。例如：
- 插入变量[[MyVar]]，获取变量"MyVar"的当前值；
- 插入表达式[[VarA + VarB]]，获取"VarA + VarB"的和；
- 插入系统变量[[PageName]]，获取当前页面名称。

插入变量或函数

[[LVAR1-1]]

局部变量

在下方创建用于插入元件值的局部变量，局部变量名称必须是字母数字，不允许包含空格。

添加局部变量

| LVAR1 | = 元件文字 | numb |

确定　　取消

图 12-34　"编辑文本"对话框

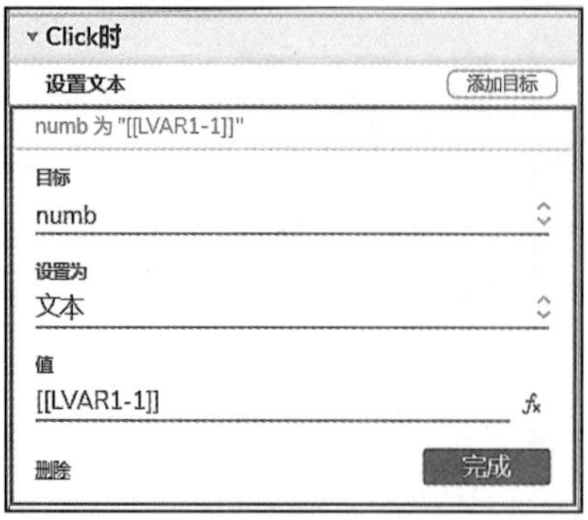

图 12-35　设置动作参数　　　　　　　图 12-36　启用用例

步骤 7：在"Click 时"事件的右侧点击【启用用例】按钮，如图 12-36 所示，在弹出的【条件设置】对话框中，点击【添加行】按钮，如图 12-37 所示。

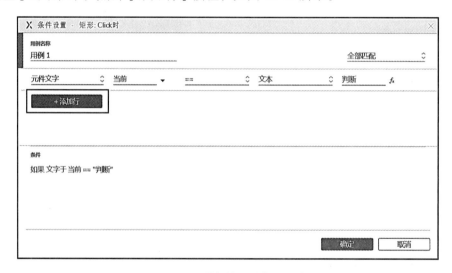

图 12-37　"条件设置"对话框

步骤 8：在新增的条件栏中选择"元件文字"为"numb"，条件为">=",后面的选项分别为"文本"，值为"1"，如图 12-38 所示。

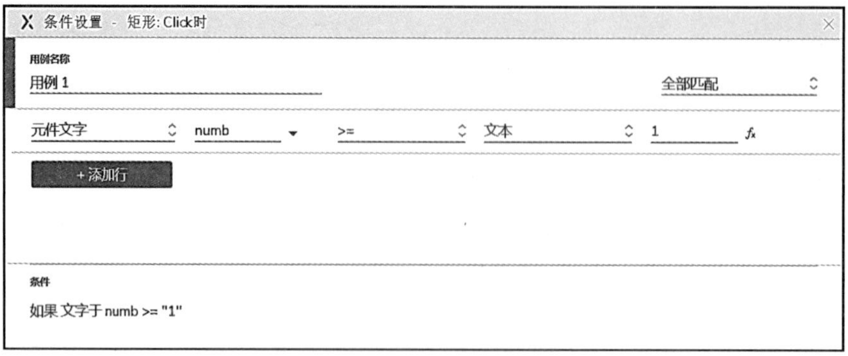

图 12-38　设置条件

步骤 9：选中名为"add"的按钮，参考步骤 4~步骤 8 的操作，为"add"按钮添加交互具体配置参数，如图 12-39 所示。

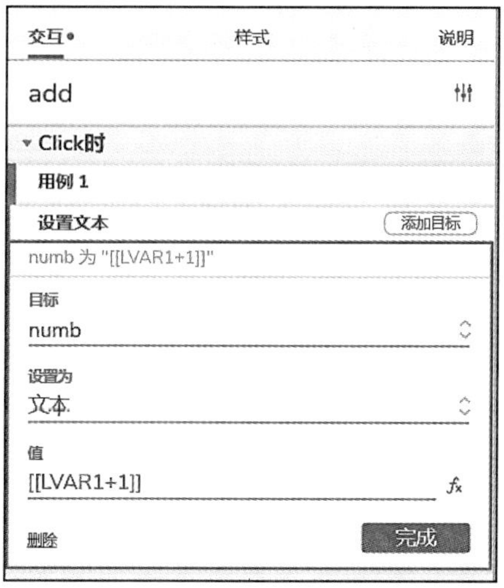

图 12-39　设置 add 元件的交互参数

3．结算区

结算区包括 1 个"全选"单选按钮、1 个"总计"文本标签和 1 个"结算"按钮。当点击"全选"按钮时，要将购物车中的所有商品的数量和价格进行合计，并把合计总金额显示在标签上。

本章总结

本章通过拟定的一个移动 App 产品，从产品的概念与定位出发，分析了产品的核心竞争力和商业模式，设计出产品结构的 5 大模块，并设计出产品各页面结构和各个页面的线框图。

根据产品的需求和产品的框架设计，进一步细化并制作出各个主要页面的交互原型，包括首页交互原型设计、商品列表交互原型设计和购物车页面交互原型设计，通过实际的步骤演练，帮助同学们深入理解和掌握产品设计的各个环节，为以后的相关学习和工作打下基础。

参考文献

[1]   （美）Alan Cooper，Robert Reimann，David Cronin. About Face3 交互设计精髓[M]. 北京：电子工业出版社，2008.

[2]   [英]海伦·夏普（Helen Sharp），[美]詹妮·普瑞斯（Jenny Preece），[英]伊温妮·罗杰斯（Yvonne Rogers）.交互设计：超越人机交互（第 5 版）[M]. 北京：机械工业出版社，2020.